创新方法 TRIZ 教程

ChuangXin FangFa TRIZ JiaoCheng

严军荣 编著

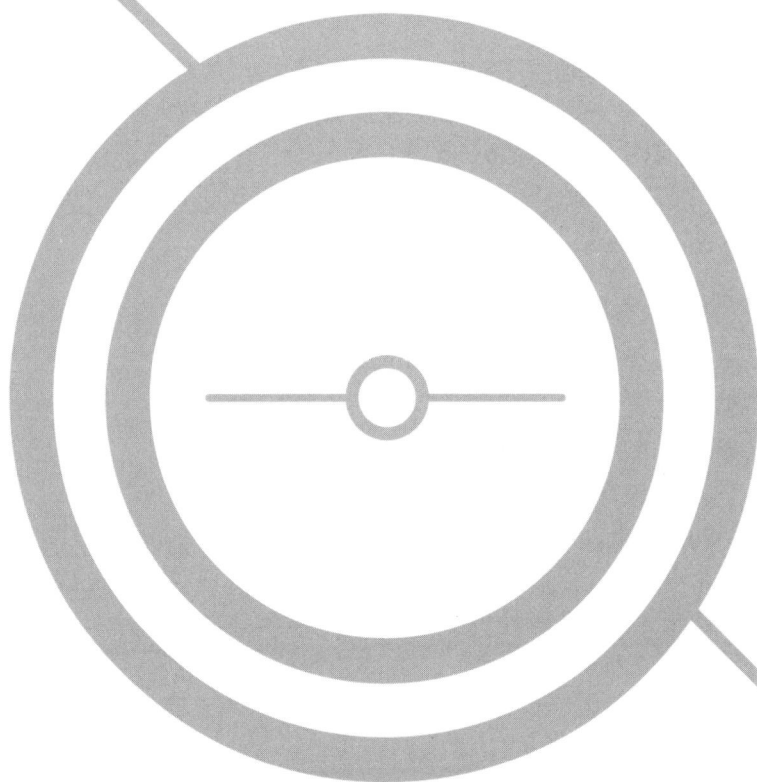

西安电子科技大学出版社

内 容 简 介

本书讲解如何运用创新方法 TRIZ 识别问题与解决问题。识别问题部分包括如何确定问题所在系统和如何运用功能分析、因果链分析、剪裁等工具。解决问题部分包括两种解题思路：运用创新原理与矛盾模型从本领域寻找解决方案，产生第二等级的创新成果；运用 How to 模型跨行业或从科学效应库寻找解决方案，产生第三等级甚至第四等级的创新成果。

本书对 TRIZ 工具的介绍由一个案例串联起来，内容浅显易懂、完整连贯、逻辑清晰，可帮助初学者准确理解 TRIZ 理论与工具，是一本具有强实操性的 TRIZ 入门教材。

本书适合作为理工科院校师生、科研院所研究人员、企业工程技术人员、企业领导与管理人员的学习、培训教材或自学参考书。

图书在版编目（CIP）数据

创新方法 TRIZ 教程 / 严军荣编著. -- 西安 ： 西安电子科技大学
出版社, 2025. 5. -- ISBN 978-7-5606-7655-5

Ⅰ. G305

中国国家版本馆 CIP 数据核字第 2025ED1853 号

策　　划　陈　婷
责任编辑　陈　婷
出版发行　西安电子科技大学出版社（西安市太白南路 2 号）
电　　话　（029）88202421　88201467　　　邮　　编　710071
网　　址　www.xduph.com　　　　　　电子邮箱　xdupfxb001@163.com
经　　销　新华书店
印刷单位　陕西精工印务有限公司
版　　次　2025 年 5 月第 1 版　　　　2025 年 5 月第 1 次印刷
开　　本　787 毫米×1092 毫米　1/16　　　印　张　11
字　　数　252 千字
定　　价　32.00 元
ISBN 978-7-5606-7655-5

XDUP 7956001-1

*** 如有印装问题可调换 ***

创新创业教育以培养具有创业基本素质和开创型个性的人才为目标，是国家创新驱动发展战略的重要组成部分。创新创业教育着重培育创新精神、创业意识、创新创业能力，被联合国教科文组织认定为与学术教育、职业教育并列的"第三张教育通行证"。

TRIZ 理论作为体系化的创新方法，在创新创业教育中具有独特的优势。TRIZ 意为"发明问题解决理论"，是从全世界专利中归纳总结出的一套适用于解决难题的理论工具体系。TRIZ 理论经历了如何正确地解决问题、如何解决正确的问题、如何为正确的问题寻找切实可行的解决方案、如何在商业中发挥更大的价值四个发展阶段。目前 TRIZ 已应用于难题解决、产品开发、商业模式等创新创业环节，能够满足创新创业教育的需求。

本书从创新实践的角度，讲述 TRIZ 解决难题的全过程。其中，第 1 章是对 TRIZ 的概述，讲述了发明问题的定义、解决发明问题的创新三阶段、创新的五个等级、TRIZ 的由来及发展历程、TRIZ 解题流程和现代 TRIZ 理论体系、TRIZ 解题模式等内容。第 2 章讲述如何识别关键问题，包括确定问题所在系统以及功能分析、因果链分析和剪裁等工具。第 3 章和第 4 章分别讲述两种解题思路。第 3 章是运用创新原理进行解题，从本领域寻找解决方案，可以产生第二等级的创新成果，包括创新原理、技术矛盾与矛盾矩阵、物理矛盾与分离原理等问题解决工具和资源分析、理想最终解等内容。第 4 章是运用 How to 模型，跨行业或从科学效应库寻找解决方案，可以产生第三等级甚至第四等级的创新成果，包括功能导向搜索、科学效应库等内容。第 5 章给出识别问题与解决问题的全套 TRIZ 训练模板。

本书对现有的 TRIZ 工具与解题过程进行了完善和创新。在 TRIZ 概述一章，强调创新的五个等级并将解题思路与创新等级相关联。在识别关键问题一章，首先提出确定问题边界的四个原则，有助于快速切入问题所在的系统；然后在功能分析一节，增加了价值分析，从实操的角度给出了功能分析的四个步骤(即组件分析、相互作用分析、功能建模、价值分析)及注意事项；之后在因果链分析一节，讲述两种确定初始缺点的方法和如何确定关键缺点，以及同一层级缺点关系的注意事项；最后在剪裁一节，提出按照不同类别的项目目标选择相应的被剪裁组件，区分三种剪裁规则的剪裁激进程度，建议将所有剩余组件和超系统组件都作为新功能载体尝试进行替代。在运用创新原理解题一章，首先提出结合资源分析直接应用 40 个创新原理解题；然后在技术矛盾与矛盾矩阵一节，提出两种将行业参数转化为通用参数的方法，以及结合资源分析应用矛盾矩阵推荐的创新原理解题；之后在物理矛盾与分离原理一节，更加简洁清晰地定义了物理矛盾模型，提出结合资源分析应用分离原理推荐的创新原理解题；在资源分析一节，给出了系统中组件之间的位置属性，讲述了基于属性与属性参数的资源分析和基于九屏幕法的资源分析，将资源分析直接应用于创新原理解题中，使得解题思路更加清晰完整；最后在理想最终解一节，调整理想最终解四个要求的顺序并将其用于评估解决方案的优劣。在运用 How to 模型解题一章，首先给出了运用功能导向搜索的解题步骤；然后在科学效应库一节，详细介绍了查询科学效应库的三种方法。书中给出的 TRIZ 训练模板，有助于降低运用 TRIZ 工具解题的难度和缩短解题的时间。

针对 TRIZ 工具多而散乱、解题难以快速入手的痛点，本书用一个案例串联所有讲述的 TRIZ 工具，力求浅显易懂地介绍 TRIZ 创新方法，降低学习难度；力求完整连贯地讲述 TRIZ 操作步骤，降低实战解题的难度；力求逻辑清晰地讲述创新过程，提升创新质量和创新高度。

本书是一本强实操的 TRIZ 教材，希望有助于读者培养自己识别问题与解决问题的能力，得到方法论指导，以便在更高维度寻找创新创业机会；希望有助于读者用功能思维替代日常思维，在 TRIZ 案例实践中不断打破专业知识与职业认知的束缚，拓展自己的认知空间；希望有助于激发读者解决"卡脖子难题"的兴趣与历史使命感，为国家的现代化建设做出更大的贡献。

作者 2015 年偶然接触到 TRIZ，相见恨晚，非常入迷。当年参加了浙江省科技厅组织的科技部 TRIZ 二级和三级培训，二级培训由亿维讯团队主讲，三级培训由河北工业大学檀润华教授团队主讲。2018 年作者参加了国际 TRIZ 协会的 MATRIZ 三级培训。此外，作者还花费大量的时间和精力学习和提升自己的 TRIZ 技能，先后师从多位国际 TRIZ 五级大师。学以致用，至今作者已经为新和成、三维通信、三川智慧等数十家大公司提供了 TRIZ 理论培训与解题实战，为 100 多位企业博士后提供了基于 TRIZ 的科研指导。从技术预研到产品开发，再到行业生态与商业模式，作者不断积累 TRIZ 在不同行业的应用案例。

本书的出版离不开各级领导与专家们的热心支持。感谢在作者的 TRIZ 学习路上，国内外 TRIZ 前辈们的辛勤传授；感谢来自各行各业一起学习 TRIZ 的同学们的陪伴与交流；感谢众多合作企业提供的传授与应用 TRIZ 的宝贵机会；感谢杭州电子科技大学专门开设 TRIZ 课程；感谢作者所指导的研究生们的协助；感谢西安电子科技大学出版社的大力支持！

本书获杭州电子科技大学校级教材立项出版资助。

TRIZ 理论仍然处于发展过程中，不能生搬硬套，在创新实践中要灵活运用。限于作者经验与水平，书中不足之处在所难免，敬请各位读者批评指正。

TRIZ 交流 QQ 群：982252464。

作者 严军荣

2025 年 1 月

目 录

第 1 章 TRIZ 概述

1.1 发明问题与创新等级

1.1.1 问题分类

在研发与管理中遇到的问题分为常规问题和发明问题两类。

常规问题是指利用公众常识或本专业知识容易解决的问题。例如,通过查询相关手册、询问身边的人、检索企业知识库或搜索互联网,很快就能获得解决方案的问题。

发明问题是指利用本专业知识不容易解决的问题,也称为难题。发明问题的解决需要采用创新方法,或利用其他专业的知识甚至科学发现才能获得解决方案,因此发明问题也被称为需要通过发明创造才能解决的问题。

1.1.2 创新三阶段

创新是对发明问题求解的过程。创新分为三个阶段,首先是定义问题,然后是产生创意,最后是获得解决方案,如图 1-1 所示。

定义问题 → 产生创意 → 解决方案

图 1-1 创新的三个阶段

定义问题是创新的第一步,也是最重要的一步。因为发明问题的初始描述可能不清晰,需要把问题的定义与边界弄清楚,即回答"到底在解决什么问题",从而得到一个描述清晰的问题。

产生创意指的是运用创意工具产生尽可能多的解题思路。产生创意的工具很多,例如头脑风暴、关联思维、TRIZ 等。产生创意的过程通常是非线性的、发散的,创新者需要在不同的方向上切换思维。

获得解决方案是指依据市场需求、技术可行性、实施成本等因素对各种创意进行评估与筛选并进行实践验证,最终得到可行的解决方案。

1.1.3 创新等级

创新分为五个等级,如表 1-1 所示。

表 1-1   创新的五个等级

创新等级	描　　述	举　　例
第五级	科学发现	发现 X 射线
第四级	利用科学发现创造新的事物	利用 X 射线做成第一个成像装置
第三级	运用领域外知识解决本领域的问题	将成像装置用于安检
第二级	运用本行业知识对功能进行改进或集成其他功能	改进成像装置的成像精度
第一级	改变某个组件的参数	改变安检装置的尺寸以适合应用场景

第五级创新是科学发现，这是一种特大型发明。例如物理学家伦琴发现 X 射线，就是一个科学发现。

第四级创新是利用科学发现创造新的事物，这是一种大型发明，例如利用 X 射线的成像装置。

第三级创新是运用领域外知识解决本领域的问题，这是一种中型发明，是可以颠覆行业的创新。例如将成像装置用于安检，作为一种非破坏性检测手段，不再需要开包检查，这对于安检行业来说是颠覆性的创新。

第二级创新是运用本行业知识对功能进行改进或集成其他功能，这是一种小型发明，例如改进成像装置的成像精度。

第一级创新是改变某个组件的参数，这是一种最小型发明，例如对安检装置的外观进行改进、改变安检装置的尺寸以适合应用场景等。

1.2　TRIZ 的由来与发展历程

1.2.1　TRIZ 的由来

TRIZ 意为"发明问题解决理论"，是用于解决难题(需要通过发明创造才能解决的问题)的理论。

TRIZ 起源于 20 世纪 40 年代的苏联。当时,年轻的苏联海军专利管理员——根里奇·阿奇舒勒(Genrich Altshuller，1926—1998 年)，在工作中阅读大量的专利文献之后，敏锐地意识到看似孤立的专利文献中可能存在着一些解决问题的通用模式。于是从 1946 年开始，根里奇·阿奇舒勒投入大量精力开展研究工作，从当时的 20 万份专利文献中选出具有代表性的 4 万份专利。他发现这 4 万份专利的创新程度参差不齐，于是便提出创新的五个等级；他发现尽管解决的发明问题不同，但是使用的创新原理相似，由此总结出 40 个创新原理；他发现技术系统的进化有规律可循，由此提出技术系统进化法则；他发现在一个领域内发现的科学效应可以在其他领域得到应用，由此总结出科学效应库。TRIZ 理论的形成过程如图 1-2 所示。

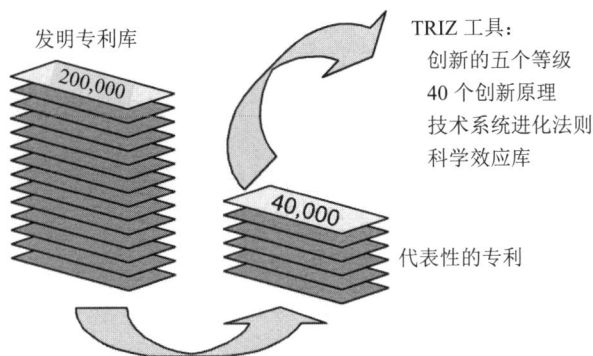

图 1-2　TRIZ 理论的形成过程

发明专利库

200,000

40,000

代表性的专利

TRIZ 工具：
创新的五个等级
40 个创新原理
技术系统进化法则
科学效应库

　　1956 年根里奇·阿奇舒勒发表了第一篇介绍 TRIZ 的论文《发明创造心理学和技术进化理论》，介绍了技术矛盾、理想化、创造性系统思维、技术系统完整性定律、创新原理等，标志着 TRIZ 理论的初步形成。1961 年出版的 TRIZ 书籍《如何学会发明》，标志着 TRIZ 理论开始成为科学家、发明家及工程师解决问题的强有力工具。

1.2.2　TRIZ 发展历程

　　从根里奇·阿奇舒勒提出 TRIZ 理论至今，TRIZ 理论经历了四个发展阶段，如图 1-3 所示。

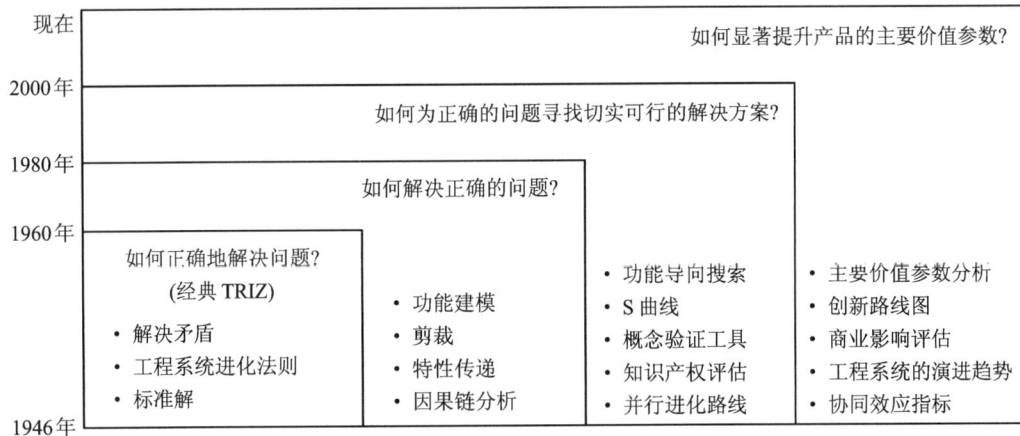

图 1-3　TRIZ 理论的四个发展阶段

　　第一阶段(1946—1960 年)是经典 TRIZ 阶段。该阶段主要是由 TRIZ 创始人根里奇·阿奇舒勒作出的贡献，考虑的是如何正确地解决问题，提出了创新原理、解决矛盾、发明问题解决算法 ARIZ、标准解、进化法则等工具。该阶段突破思维惯性，采用常规思维想不到的方法解决问题，得到创新的解决方案。由于经典 TRIZ 理论起源于专利分析，而专利中只描述需要解决的问题和相应的解决方案，并没有给出问题分析与解题过程，因此经典 TRIZ 理论中缺乏分析问题的工具。

　　第二阶段(1960—1980 年)考虑的是如何解决正确的问题。根里奇·阿奇舒勒将来自其他领域的问题分析工具引入经典 TRIZ 中，例如将源于价值工程的功能分析、剪裁、特性传递、因果链分析等工具作为 TRIZ 理论体系的一部分，弥补了经典 TRIZ 理论在问题分析方面的不足。这些问题分析工具与经典 TRIZ 的问题解决工具相结合，将初始问题转化为更多的关键问题，为 TRIZ 使用者提供了更多的解决问题的途径。

第三阶段(1980—2000 年)考虑的是如何为正确的问题寻找切实可行的解决方案。该阶段主要是在苏联解体后，大批 TRIZ 专家移民到美国以及欧洲、亚洲的某些国家和地区，将 TRIZ 理论与当地企业创新实践结合后发展起来的。企业在创新实践中发现，利用 TRIZ 产生的解决方案在付诸实践时会面临方方面面的限制条件，于是能够产生切实可行解决方案的工具应运而生。有代表性的工具是功能导向搜索和专利战略。功能导向搜索通过寻找其他领域成熟的解决方案，用于解决本领域的问题，使解决方案的风险更小、成功率更高。专利战略可以对已有的专利进行合理的规避，使得新产生的解决方案的原理与竞争专利类似，却没有侵犯已有的专利，从而使得解决方案变得切实可行。

第四阶段(2000 年至今)考虑的是 TRIZ 如何在商业中发挥更大的价值。企业管理者真正关心的不是用 TRIZ 解决了某个技术问题，而是能否迅速研发出满足市场需求的产品并将产品销售给客户，最终产生利润。因此，该阶段开发的工具更加关注客户的需求及产品的规划。有代表性的工具是主要价值参数(MPV，Main Parameter of Value)和工程系统的进化趋势等。MPV 发掘是指发掘客户的潜在需求，即客户有实际需求但客户自己在惯性思维中却意识不到或无法用语言表达出来的需求。工程系统的进化趋势是对经典 TRIZ 理论进化法则进行补充，每个进化法则都有子趋势，企业利用这些进化趋势可以提前布局下一代或几代产品，从而获得竞争优势。

1.3   TRIZ 理论体系

1.3.1   TRIZ 解题流程

TRIZ 的解题流程分为三个阶段，分别是问题识别阶段、问题解决阶段和概念验证阶段，如图 1-4 所示。

问题识别阶段 → 问题解决阶段 → 概念验证阶段

图 1-4   TRIZ 的解题流程

1. 问题识别阶段

该阶段从初始问题出发，对所研究系统进行多方面分析，识别出关键问题。这些关键问题是深层的、潜在的，不一定是初始问题。问题识别阶段的输出是一系列关键问题的集合。其中一个关键问题被解决，就能解决初始问题。

2. 问题解决阶段

该阶段将问题识别阶段分析出的关键问题，转化为 TRIZ 理论中的问题模型，运用相应的 TRIZ 工具得到相应的解决方案模型，最后将解决方案模型转化为具体的解决方案。

问题解决阶段的输出是一系列的解决方案。

3. 概念验证阶段

该阶段对问题解决阶段提出的解决方案进行可行性评估，依据所研究系统的技术与业务需求，筛选出可行的解决方案。

1.3.2　现代 TRIZ 理论工具体系

TRIZ 理论目前已经形成了比较完备的工具体系。现代 TRIZ 理论工具体系如图 1-5 所示。

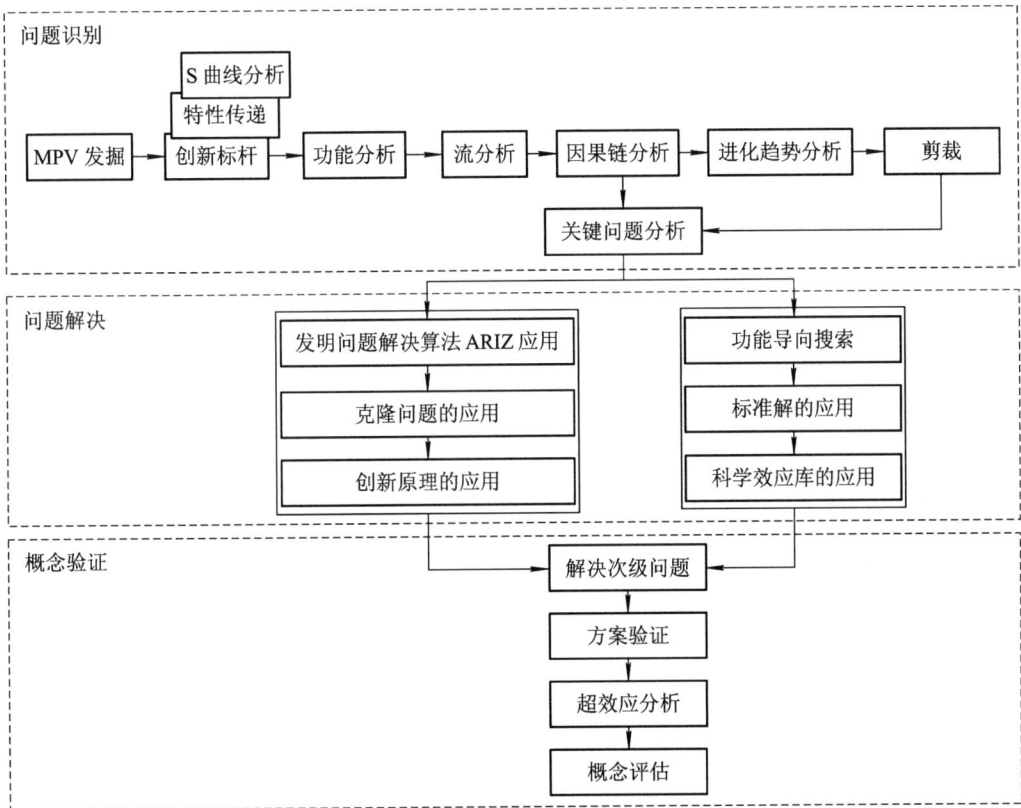

图 1-5　现代 TRIZ 理论工具体系

1. 问题识别阶段的工具

问题识别阶段的工具主要有 MPV 发掘、创新标杆、功能分析、流分析、因果链分析、进化趋势分析、剪裁、特性传递、S 曲线分析、关键问题分析。

（1）MPV 发掘。MPV 是指在市场上未被满足的但对客户的购买决策有着关键作用的产品或服务的关键属性。发掘 MPV 是提升产品创新水平、降低商业风险的一种重要手段，能够有效识别客户需求，找到客户愿意为之付费的功能特征。

（2）创新标杆。在设计一个新系统时，需要选择一个或多个系统作为参照系统。该参照系统被称为创新标杆。创新标杆有助于寻找并分析各种可能的技术路径，评估哪种技术路线或技术路线组合可以实现项目目标。

(3) 功能分析。功能分析是识别系统的组件及其超系统组件的功能与成本的一种分析工具。运用功能分析可以得到功能模型列表、功能模型图、有缺陷的功能列表和组件价值图等。

(4) 流分析。从系统运行时可能涉及的能量流、物质流、信息流等角度，通过寻找流的缺点(流产生的有害作用、流的过度转换等)来分析系统的缺陷。

(5) 因果链分析。因果链分析是一个转换问题的工具，它通过将难以解决的初始问题转换为一系列的缺点，以便人们从容易解决的缺点入手求解问题。运用因果链分析可以全面深度识别隐藏于初始缺点背后的各种缺点。

(6) 进化趋势分析。进化趋势是从大量已有系统中提取出的系统进化发展的规律。进化趋势分析是指运用系统进化法则去预测所开发产品的未来，提前布局，从而领先竞争对手。

(7) 剪裁。剪裁是一个转换问题的工具，它通过去除某些组件(有问题的组件、价值低的组件等)并用剩余的系统组件或超系统组件替代被剪裁组件的有用功能来转换问题。通过剪裁可以获得成本更低、可靠性更高、价值更高的新系统。

(8) 特性传递。特性传递是指为改善某系统的功能而将具备类似主要功能的其他系统的某个特性传递到本系统。

(9) S 曲线分析。S 曲线是指随着时间推移，系统 MPV 发展形成的 S 形状曲线，曲线包括婴儿期、成长期、成熟期和衰亡期四个阶段。分析 S 曲线可以识别系统的发展阶段，以便采取相应的创新策略。

(10) 关键问题分析。该工具将上述工具得到的一系列问题进行汇总与筛选，找出需要解决的关键问题并进行分析。

2. 问题解决阶段的工具

问题解决阶段的工具主要有创新原理的应用、标准解的应用、功能导向搜索、科学效应库、克隆问题的应用、ARIZ。

(1) 创新原理的应用。对全世界专利进行大数据分析，归纳出的 40 个创新原理，能够解决各行各业的问题。创新原理的应用有三种方法，第一种是直接应用，第二种是结合技术矛盾应用，第三种是结合物理矛盾应用。

(2) 标准解的应用。标准解是在物-场模型的基础上产生的一套通用规则和解决方案。TRIZ 的标准解系统分为五个基本级别，每个级别均包含若干个子级别及不同数量的标准解，总共有 76 个典型的解决方案。

(3) 功能导向搜索。功能导向搜索是指搜索一般化的功能，即从其他先进领域寻找解决方案以解决本领域问题的解题模式。功能导向搜索不是从头开始去解决问题，而是从其他领域寻找成熟的解决方案，因此解决方案的成本低、实施新方案的风险小。

(4) 科学效应库。科学效应库是将物理效应、化学效应、生物效应和几何效应等效应汇总形成的知识库。采用功能、参数、能量转化三种查询方式可以从科学效应库中寻找实现特定功能的科学效应，再将科学效应运用到实际场景中获得解决方案。

(5) 克隆问题的应用。克隆问题是指物理矛盾相似、解决方案相似的问题。克隆问题的应用是指只要找到类似的物理矛盾，就可以直接复制使用这些解决方案。

(6) ARIZ，即发明问题解决算法。ARIZ 将最初的问题转化为不同的问题模型，使得问题的描述越来越清晰、解决问题的资源越来越多，从而提高解决问题的可能性。ARIZ 是一个高级的 TRIZ 工具，它要求综合运用经典 TRIZ 理论中的各个工具，适用于解决不允许对当前系统做较大改动的问题。

3. 概念验证阶段的工具

概念验证阶段的工具主要有超效应分析和概念评估。

(1) 超效应分析。超效应分析是指如果解决方案中引入了新的资源或新的特性，那么可以进一步利用新资源或新特性来继续改进系统。

(2) 概念评估。概念评估是指根据项目的具体要求对产生的一系列解决方案进行评估，从实施的难易程度、成本、实施周期等角度评估哪些解决方案能够被最终实施。

1.4　常规解题方法与 TRIZ 解题模式

1.4.1　常规解题方法

常规的解题方法主要有试错法和头脑风暴法，如图 1-6 所示。

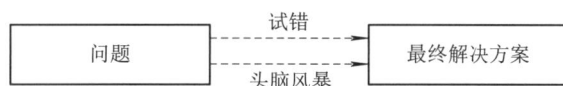

图 1-6　常规解题方法

试错法是纯粹经验的学习方法。它通过不间断地或连续地改变黑盒(一个封闭的、不透明的系统或设备)的参量，试验黑盒所作出的应答，来寻求达到目标的途径。

头脑风暴法是由价值工程工作小组人员在不受限制的气氛中以会议形式进行讨论、座谈的方法，它要求工作人员打破常规，积极思考，畅所欲言，充分发表观点。

1.4.2　TRIZ 解题模式

与常规的直接解决问题的方法不同，TRIZ 首先将问题转化为问题的模型，然后运用解决问题的工具找到解决方案模型，最后将解决方案模型转化为具体的解决方案。TRIZ 解题模式如图 1-7 所示。

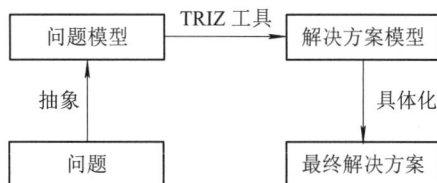

图 1-7　TRIZ 解题模式

这一模式具体分为以下步骤：

(1) 定义问题：对需要解决的问题做一个清晰的定义。

(2) 得到问题模型：将问题转化为 TRIZ 问题模型。TRIZ 中的问题模型有技术矛盾模型、物理矛盾模型、物-场模型和功能化模型。

(3) 运用 TRIZ 工具：每种问题模型都可运用相应的 TRIZ 工具进行求解。例如，解决技术矛盾模型的工具是矛盾矩阵，解决物-场模型的工具是标准解。

(4) 得到 TRIZ 解决方案的模型：TRIZ 问题模型经过 TRIZ 工具求解后，会产生一系列的解决方案模型。例如，查询矛盾矩阵得到推荐的创新原理，查询标准解工具得到标准解的物-场模型。

(5) 得到最终解决方案：根据项目的实际情况，将上述解决方案模型转化为具体的解决方案。

TRIZ 解题模型中的问题模型、TRIZ 工具与解决方案模型如表 1-2 所示。

表 1-2　问题模型、TRIZ 工具与解决方案模型

问 题 模 型	TRIZ 工具	解决方案模型
技术矛盾	矛盾矩阵	40 个创新原理
物理矛盾	分离原理	40 个创新原理
物-场模型	76 个标准解	标准解的物-场模型
功能化(How to)模型	科学效应库	具体的效应

1.5　本书的内容与学习路径

1.5.1　本书的内容

本书第 1 章是对 TRIZ 的概述。本章首先讲述发明问题的定义、解决发明问题的创新三阶段及创新的五个等级；接着讲述 TRIZ 的由来与发展历程；然后介绍 TRIZ 的解题流程和现代 TRIZ 理论体系；之后介绍 TRIZ 解题模式与常规解题模式的区别；最后介绍本书的内容与学习路径。

本书第 2 章介绍如何识别关键问题(问题识别)。本章首先介绍系统、组件、功能的定义及如何根据问题范围确定系统边界；然后介绍功能分析的概念，讲解功能分析的步骤；接着介绍因果链的概念、缺点类型，讲解构建因果链的步骤；最后介绍剪裁的概念与如何选择剪裁的组件、三种剪裁规则、有用功能替代的四种情形、剪裁模型和剪裁问题的定义，并讲解实施剪裁的步骤。

本书第 3 章介绍如何运用创新原理解题(解题思路 1)。本章首先介绍 40 个创新原理及创新原理的应用；然后介绍技术矛盾的概念与技术矛盾模型，讲解如何转化通用工程参数和如何运用阿奇舒勒矩阵，以及运用矛盾矩阵解决技术矛盾的流程；接着介绍物理矛盾的概念与物理矛盾模型,讲解解决物理矛盾的分离原理及运用分离原理解决物理矛盾的流程;之后介绍资源的类型与基于属性与参数的资源分析,以及九屏幕法的概念及基于九屏幕法的资源分析;最后介绍理想最终解的定义及如何使用理想最终解评估解决方案。

本书第 4 章介绍如何运用 How to 模型解题(解题思路 2)。本章首先介绍功能导向搜索的概念,讲解功能的一般化和领先领域,以及运用功能导向搜索的解题流程;最后介绍科学效应的概念及科学效应库,讲解运用科学效应库解题的流程。

本书第 5 章给出一套完整运用 TRIZ 识别问题工具与解决问题工具的训练模板。

本书讲解的 TRIZ 解题流程与 TRIZ 工具如图 1-8 所示。

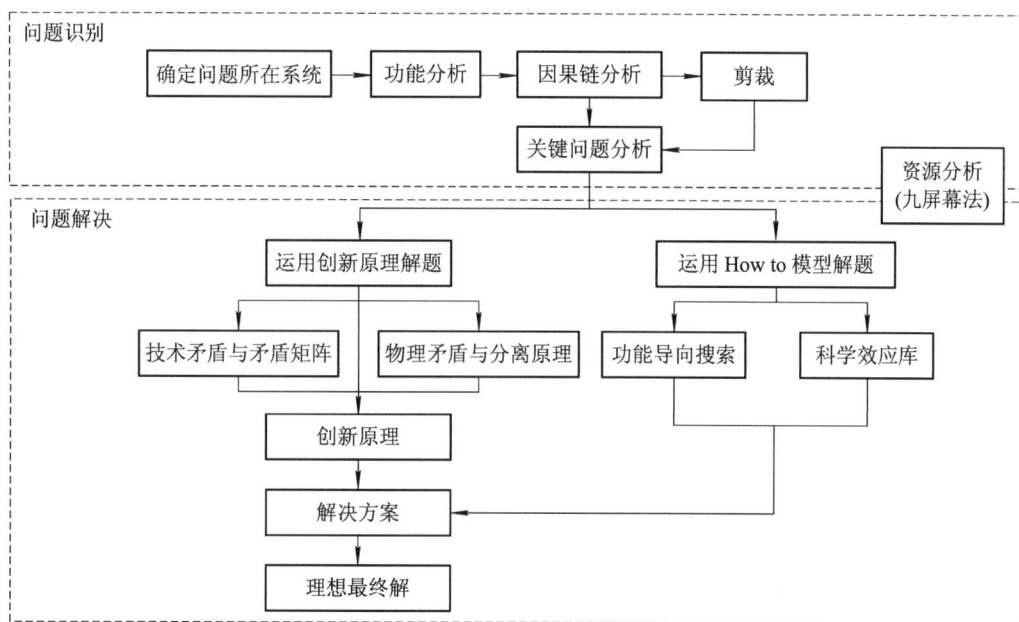

图 1-8　本书讲解的 TRIZ 解题流程与 TRIZ 工具

1.5.2　本书的学习路径

本书内容包括问题识别和问题解决两大部分。

问题识别部分(第 2 章)介绍如何识别关键问题,包括确定问题所在系统,使用功能分析、因果链分析和剪裁工具,最终得到关键问题。

问题解决部分介绍了两种解题思路:一种是运用创新原理进行解题(第 3 章),解题的思路是从本领域寻找解决方案,可以产生第二等级的创新成果;另一种是运用 How to 模型利用功能进行解题(第 4 章),解题的思路是跨行业或从科学效应库寻找解决方案,可以产生第三等级甚至第四等级的创新成果。

训练模板部分(第 5 章)给出一套运用 TRIZ 工具识别问题与解决问题的训练模板。

因此,本书可采用以下三种学习路径,如图 1-9 所示。

路径 1:第 2 章识别关键问题、第 3 章运用创新原理解题、第 5 章训练模板。该路径适合于大学生和工程师等 TRIZ 初学者。

路径 2:第 2 章识别关键问题、第 4 章运用 How to 模型解题、第 5 章训练模板。该路径适合有一定的工作经验，想做高级别创新的工程师。

路径 3：第 2 章识别关键问题、第 3 章运用创新原理解题、第 4 章运用 How to 模型解题、第 5 章训练模板。这是一个完整的学习路径。

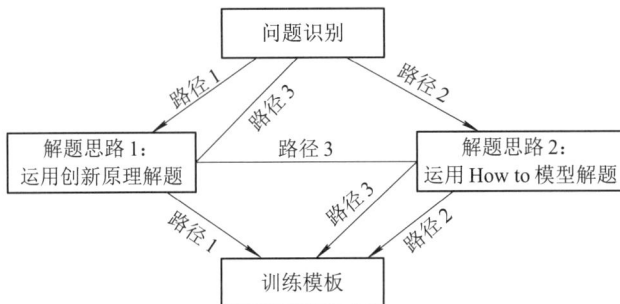

图 1-9   本书的学习路径

1.6   本 章 小 结

本章对 TRIZ 进行概述，首先介绍发明问题与创新等级的概念，然后介绍 TRIZ 的由来与发展历程，接着介绍 TRIZ 理论体系与 TRIZ 的解题模式，最后介绍本书的学习路径。

发明问题是需要通过发明创造才能解决的问题。创新是对发明问题求解的过程，分为定义问题、产生创意、获得解决方案三个阶段。创新可被划分为五个等级。

TRIZ 起源于 20 世纪 40 年代的苏联，是从当时全世界的专利文献中提炼出的"发明问题解决理论"。TRIZ 经历了如何正确地解决问题(经典 TRIZ)、如何解决正确的问题、如何为正确的问题寻找切实可行的解决方案、如何在商业中发挥更大的价值四个发展阶段。

TRIZ 理论的应用分为问题识别、问题解决和概念验证三个阶段，已经形成了比较完备的工具体系。TRIZ 的解题模式是首先将问题转化为问题模型，然后运用 TRIZ 工具找到解决方案模型，最后将解决方案模型转化为具体的解决方案。

本章的基本学习要点如下：

(1) 掌握发明问题的定义；

(2) 掌握创新的三个阶段；

(3) 掌握创新的五个等级；

(4) 了解 TRIZ 的由来及发展历程；

(5) 了解现代 TRIZ 理论体系；

(6) 了解 TRIZ 的解题模式。

第 2 章　识别关键问题

2.1　概　　述

本章讲述如何识别关键问题，具体包括如何确定问题所在系统和如何运用功能分析、因果链分析、剪裁等问题识别工具。其中剪裁工具是可选项。图 2-1 所示为识别关键问题的流程。

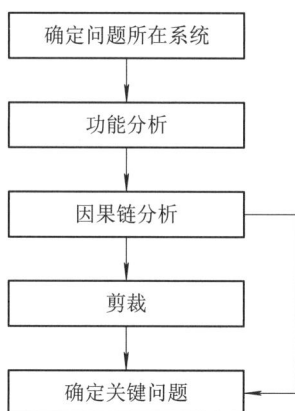

```
┌─────────────────────┐
│   确定问题所在系统    │
└─────────────────────┘
           │
           ▼
┌─────────────────────┐
│      功能分析        │
└─────────────────────┘
           │
           ▼
┌─────────────────────┐
│      因果链分析      │──────┐
└─────────────────────┘      │
           │                 │
           ▼                 │
┌─────────────────────┐      │
│        剪裁          │      │
└─────────────────────┘      │
           │                 │
           ▼                 │
┌─────────────────────┐      │
│     确定关键问题     │◄─────┘
└─────────────────────┘
```

图 2-1　识别关键问题的流程

2.2　确定问题所在系统

2.2.1　系统

1. 系统的定义

系统(System)来源于古希腊文(Systεmα)，意为部分组成的整体。"一般系统论"创始人贝塔朗菲给系统下的定义是："系统是相互联系相互作用的诸元素的综合体。"该定义强调元素间的相互作用以及系统对元素的整合作用。著名科学家钱学森给系统下的定义是："系统是由相互作用相互依赖的若干组成部分结合而成的、具有特定功能的有机整体，而且这个有机整体又是它从属的更大系统的组成部分。"

由此可知,系统由元素、结构、功能三部分组成,如图 2-2 所示。元素是指组成系统的若干个部分;结构是指系统内部各元素之间相对稳定的联系形式、组织秩序等;功能是指系统要有一定的目的性或能执行一定的任务。

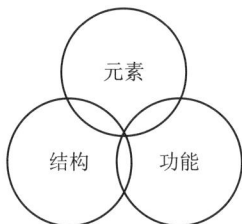

图 2-2　系统的组成

2. 系统、超系统、子系统

由系统的定义可知,系统具有层次性,这种层次性体现为子系统、系统、超系统。

系统是由元素组成的,若组成系统的元素本身也是一个系统(即这些元素是由更小的元素组成的),则该元素称为子系统。反之,若一个系统是较大系统的一个元素,则那个较大系统称为超系统。超系统是包括所研究系统的系统。因此,超系统是比所研究系统更大的系统。

系统的层次如图 2-3 所示。

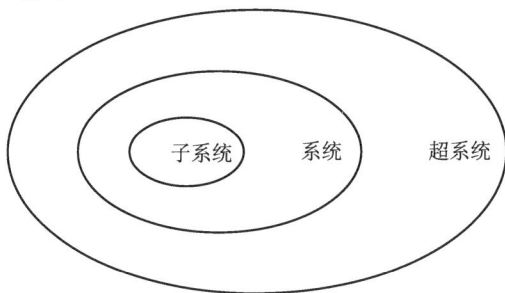

图 2-3　系统的层次

2.2.2　组件

1. 组件的定义

系统中的元素在 TRIZ 中称为组件。组件是指组成系统或超系统的一部分的物体。此处的物体是广义上的物体,是物质、场或物质与场的组合。

物质是指具有静质量的物体,例如手机、眼镜、空气等。

场是指没有静质量,但可以在物质之间传递能量的实体,例如机械场(Mechanical field)、声场(Acoustic field)、热场(Thermal field)、化学场(Chemical field)、电场(Electrical field)、磁场(Magnetic field)、电磁场(Electromagnetic field)等。为方便记忆,TRIZ 中将上述场组合写成"MATHCHEM"。

物质与场的组合是指物质与在物质之间传递能量的实体组合构成的组件。例如,人与其声场的组合构成一个组件,如图 2-4 所示。

图 2-4　人与其声场组合构成一个组件

思考 2.1：时间是否为组件？
运用组件的定义判断时间是否为组件。
思考 2.2：空间是否为组件？
运用组件的定义判断空间是否为组件。

2. 系统组件与超系统组件

由系统的定义可知，系统是由元素(即组件)构成的。系统内的组件称为系统组件。

超系统中的组件称为超系统组件。在超系统中，所研究的系统可以看作其中的一个组件。因此在实践中，为了区别所研究的系统和其他超系统组件，通常将所研究系统之外的组件称为超系统组件，如图 2-5 所示。

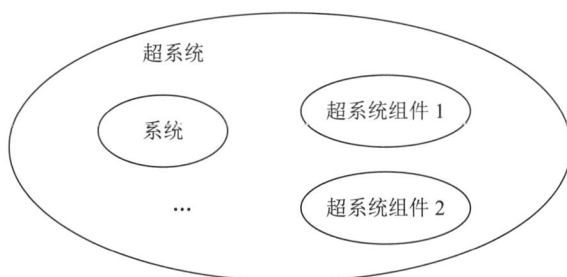

图 2-5　超系统组件

例如，若将计算机作为系统，则包括计算机在内的更大的系统称为超系统。这个超系统包括计算机本身，还包括支撑计算机的桌子、操作计算机的人、计算机所处的室内环境、计算机处理的文档等组件。

每个系统都有其特定的作用对象，这个作用对象属于超系统组件，但它是一种特殊的超系统组件。例如，计算机系统处理的文档就是计算机系统的作用对象，它属于特殊的超系统组件。

3. 组件的层级

组件具有层级。例如，计算机作为一个系统，包括用户、硬件、操作系统、应用程序等下一层级组件或子系统。每个子系统又包括若干个组件。例如，操作系统包括进程管理子系统、内存管理子系统、文件子系统、网络子系统等下一层级组件，其中的进程管理子系统又包括调度模块、任务管理模块、同步模块、CPU 模块等下一层级组件，如图 2-6 所示。

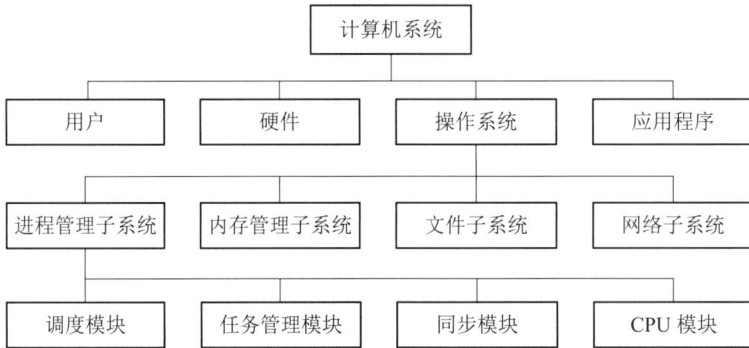

图 2-6   计算机系统的组件层级

2.2.3   功能

1. 功能的定义

由系统的定义可知，功能是指系统所具有的一定的目的性或执行一定任务的能力。

对于产品来说，功能是产品的核心价值。客户花钱购买的是产品所承载的有用功能，而非产品本身。产品作为系统(也称为技术系统或工程系统)，是功能的载体。例如，客户买冰箱，购买的不是冰箱本身，而是冰箱的冷藏/冷冻功能。冰箱如图 2-7 所示。

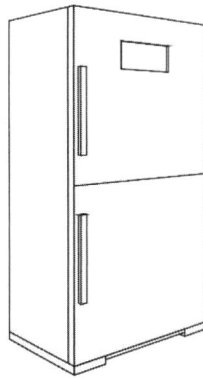

图 2-7   客户购买的是冰箱的功能

在 TRIZ 中，功能的定义是一个组件(功能载体)改变、保持或测量另一个组件(功能受体)的某个参数的行为，如图 2-8 所示。

图 2-8   TRIZ 的功能定义

功能载体是指执行功能的组件。功能受体是指接受功能的组件，即该组件的某个参数由于功能的作用而得到改变或保持或测量。参数是指组件中可以被观测的某个属性，如长度、重量、位置、温度、湿度等。例如，车移动人或物改变了人或物的位置，热水器烧水提高了水的温度，椅子支撑人保持了人的状态。这里车、热水器、椅子就是功能载体，而人或物、水、人是功能受体。

由功能的定义可知，功能的存在必须满足三个条件：

(1) 功能载体和功能受体都是组件，即物质、场、物质与场的组合。

(2) 功能载体和功能受体之间必须有接触(即相互作用)。

(3) 功能受体至少有一个参数被这个相互作用改变、保持或测量。

由功能存在必须满足的三个条件可知，功能是强调因果关系的。

例如，有一杯热茶，过了一段时间变凉了。空气带走了茶水中的热量，如图 2-9 所示，因此空气对茶水是有功能的，即空气冷却茶水。在大的空间里，由于茶水中的热量对空气温度的改变是微不足道的，可以忽略，因此认为茶水没有加热空气的功能；反之，在小的空间里，由于茶水中的热量对空气温度的改变是能感受到的，因此认为茶水有加热空气的功能。

图 2-9　空气冷却茶水

又如，管道系统中的管道和连接件，管道支撑连接件，连接件支撑管道，两者之间相互具有功能。如果管道被油污堵塞，此时是管道吸附油污，还是油污吸附管道？由于管道改变了油污的流动状态参数，因此认为管道对油污是有功能的，即管道吸附油污。反之，由于油污没有改变管道的参数，因此认为油污对管道是没有功能的。

再如，关着的门对要通过的人具有阻挡的功能。但是，开着的门对要通过的人有功能吗？因为开着的门和要通过的人没有接触(相互作用)，因此开着的门对要通过的人没有功能，如图 2-10 所示。

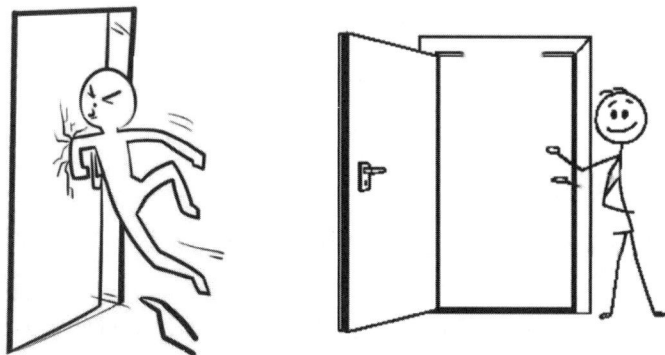

关着的门　　　　　　　　开着的门

图 2-10　关着的门和开着的门

在判断功能是否存在时，需要注意四种情况：

(1) 可能存在基于场的功能。例如图 2-4 所示的声场，说话的人与听众之间看似没有相互作用(接触)，实际上是通过声场相互作用的。

(2) 即使两个组件有相互作用，也并不一定存在功能。因为功能更强调结果，即对组件参数的改变、保持或测量。

(3) 即使组件 A 对组件 B 有功能，组件 B 对组件 A 也不一定有功能。

(4) 即使组件 A 对组件 B 有功能且组件 B 对组件 A 也有功能，这两个功能也不一定相同。

2. 功能的表达

根据 TRIZ 中功能的定义，功能的常用表达方式有：

(1) "主语＋谓语＋宾语(SVO)"，例如"热水器＋加热＋水"。

(2) "主语＋谓语＋宾语＋属性参数(SVOP)"，例如"热水器＋升高＋水＋温度"。其中主语 S 是发出动作的功能载体，V 是动作，O 是功能受体，P 是功能受体被改变或保持的属性参数。

(3) 当出现无法用合适的动词定义的功能时，可以使用"S 改变/保持/测量 O 的 P 参数"的方式进行功能描述，例如"热水器改变水的温度"。

(4) 功能的表达可以省略主语，即用 VO 或 VOP 表达功能。

功能的表达方式如图 2-11 所示。

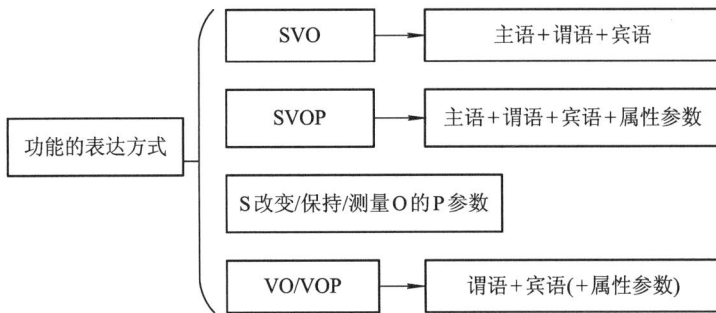

图 2-11   功能的表达方式

思考 2.3：省略主语后的功能表达是否能够打破惯性思维？
"加热水"或"升高水的温度"一定需要用热水器吗？

3. 区别日常用语与功能语言

对功能进行描述需要使用功能语言。相比日常用语来说，功能语言更能抓住问题的本质。

虽然大多数情况下，功能的描述与日常用语是相同的，但有些功能用功能语言描述时与用日常语言描述时有相当大的区别，这对人们的常规思维是一个挑战。

例如，对于牙刷的功能，通常大家都会不假思索地说，是刷牙或清洁牙齿。但是这个日常用语的描述并没有正确描述牙刷的功能。牙刷与牙齿的示意图如图 2-12 所示。

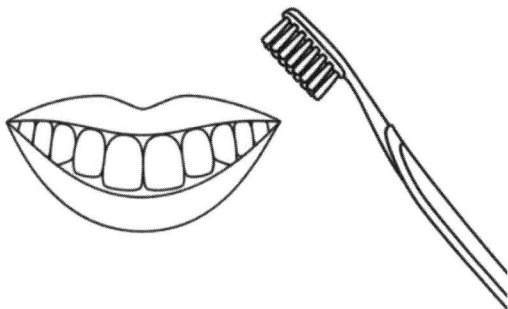

图 2-12 牙刷与牙齿的示意图

由功能存在必须满足的三个条件可知，牙刷并没有改变、保持或测量牙齿的什么参数。日常语言中所说的刷牙或清洁牙齿其实是移除牙齿表面的牙屑或牙斑菌。因此，牙刷的功能是移除牙齿表面的牙屑或牙斑菌。

对功能进行描述时，需要注意：

(1) 有些动词在日常用语中很常用，但不能用于描述功能，例如允许、连接等。

(2) 描述功能时不能用"不"字。例如：牙刷的功能不能描述为"不让牙屑或牙斑菌残留在牙齿表面"。

(3) 对功能的描述要尽可能具体。例如："建设美丽家园"这一描述就过于笼统，不具体。

2.2.4 确定问题的边界

不管系统的大小如何，系统都是有边界的。系统的边界通常是指系统所占用的时间范围和空间范围。系统的边界可以是自然形成的，也可以是人为划定的。

人为划定系统边界时，研究者应服从研究目的，尽可能把关系密切的元素及其反馈包括在内，使得边界以内的系统结构与功能具有相对的独立性和稳定性。

在 TRIZ 中，可以根据所要解决的问题来确定问题边界(问题所在的系统)。确定问题边界应当遵循以下四个原则：

(1) 根据时间范围或空间范围确定问题边界。

(2) 根据系统出现问题时的状态确定问题边界。系统通常存在静止和工作等状态，如果问题出现在静止状态，则应以静止状态的系统为研究对象；如果问题出现在工作状态，则应以工作状态的系统为研究对象。

(3) 根据系统的物理层级与逻辑关系确定问题边界。一个系统可能包含多个按物理层级划分的子系统或按逻辑关系划分的子系统，某个子系统又可能包括多个下一层级子系统。如果问题出现在某个层级的子系统，则应以该层级的子系统作为研究对象。

(4) 要尽可能缩小问题的边界。这样做的好处是缩小问题所在的系统，排除不相关组件的干扰，降低分析问题与解决问题的复杂度。

2.3 功 能 分 析

2.3.1 功能分析概念

功能分析是识别系统的组件及其超系统组件的功能与成本的一种分析工具。

功能分析包括装置的功能分析和过程的功能分析。其中，过程的功能分析是以装置的功能分析为基础的。本章介绍装置的功能分析。

功能分析分为四个步骤：组件分析、相互作用分析、功能建模和价值分析。其中价值分析是可选步骤。这四个步骤如图 2-13 所示。

(1) 组件分析：识别系统的组件及其超系统组件。

(2) 相互作用分析：识别组件之间的相互作用。

(3) 功能建模：识别组件之间的功能并评估组件所执行功能的性能，形成功能模型列表或功能模型图。

(4) 价值分析：比较系统中各组件的功能与成本。

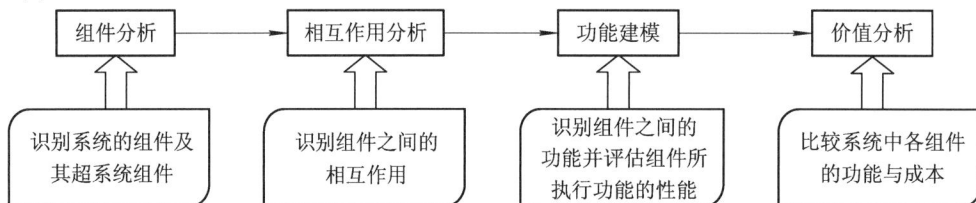

图 2-13 功能分析步骤图

功能分析的输出是以表格表示的功能模型列表或以图形表示的功能模型图。根据功能模型列表或功能模型图，可以识别出有缺陷的功能。功能分析的输出可作为后续的因果链分析、剪裁等的输入。

2.3.2 组件分析

组件分析是功能分析的第一个步骤，用于识别所研究系统的组件及与所研究系统有相互作用或共存的超系统组件，如图 2-14 所示。

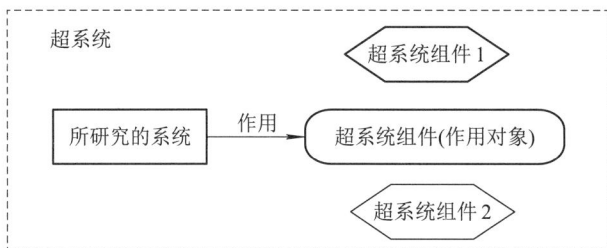

图 2-14 组件分析图

组件分析的输出是包含系统组件与超系统组件的组件列表，如表 2-1 所示。该表格分为三列，最左边列出所研究系统的名称，中间列出所研究系统的组件，最右边列出与所研究系统有相互作用或共存的超系统组件。其中，所研究系统的作用对象(系统作为功能载体对应的功能受体)是特殊的超系统组件。

表 2-1　组 件 列 表

所研究系统	系统组件	超系统组件

组件分析的步骤：

步骤 1：在组件列表中写出所研究的系统，建议同时写出所研究系统的功能，例如写出眼镜的功能是折射光线；

步骤 2：在超系统组件列中写出系统的作用对象，例如光线；

步骤 3：在系统组件列中写出所研究系统的组件，建议优先写出与系统执行功能相关的组件；

步骤 4：在超系统组件列中写出剩余的超系统组件。

为了防止歧义，建议必要时在组件后面做备注解释。

案例 2.1：眼镜的组件分析

如图 2-15 所示的眼镜，其状态包括放置时的状态、佩戴时的状态、清除镜片上异物时的状态等。下面以佩戴时的状态为例对眼镜做组件分析。

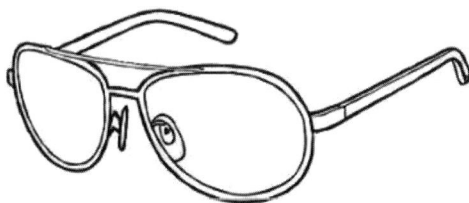

图 2-15　眼镜

对眼镜做组件分析得到眼镜组件列表，如表 2-2 所示。其中，"转轴(连接镜腿和镜框)""螺丝(连接镜框和鼻托)""异物(吸附在镜片表面的颗粒)"中带括号的部分是组件的备注解释，其作用是避免歧义。

表 2-2　眼镜组件列表

所研究系统	系 统 组 件	超系统组件
	镜片	光线
	镜框	人-眼
	镜腿	人-鼻
眼镜(折射光线)	鼻托	人-耳
	转轴(连接镜腿和镜框)	异物(吸附在镜片表面的颗粒)
	螺丝(连接镜框和鼻托)	空气

组件分析的注意事项：

(1) 如果发现需要对某个组件做更详细的分析，则可将这个组件分解到更低层级上重新进行组件分析。

(2) 如果某个组件的不同部分具有不同的作用，则可以将组件与其不同部分或下一层级组件同时列出并用"-"进行连接，如表 2-2 中"人-眼""人-鼻""人-耳"。

(3) 如果有多个相同的组件，则可以将它们看作一个组件。例如，计算机的处理器通常具有多个中央处理单元(多核 CPU)，可以把多个中央处理单元看作一个组件(中央处理单元)。

(4) 不同人或团队的思考维度不同，对同一系统做组件分析得到的组件列表可能也不同。

练习 2.1：组件分析

对身边某个熟悉的物品做组件分析，例如以图 2-16 所示的矿泉水瓶为例做组件分析。

图 2-16   矿泉水瓶

2.3.3   相互作用分析

相互作用分析是功能分析的第二个步骤，用于识别组件分析中列出的组件(包括系统组件与超系统组件)之间的相互作用。两个组件有相互作用是指两个组件有接触。例如，人的手指按门铃时手指与门铃有接触，即手指与门铃有相互作用，如图 2-17 所示。

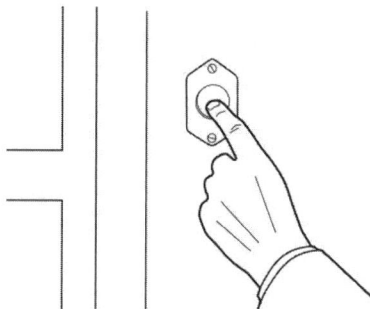

图 2-17   手指按门铃

相互作用分析的输出是相互作用矩阵。相互作用矩阵是用于识别系统组件及超系统组件两两之间相互作用的表格，如表 2-3 所示。

表 2-3　相互作用矩阵

	组件 1	组件 2	组件 3	…	组件 n
组件 1		+	-	-	-
组件 2	+		-	-	+
组件 3	-	-			+
…	-	-	-		
组件 n	-	+	+	-	

相互作用分析的步骤：

步骤 1：在相互作用矩阵的第一行中按顺序列出组件分析中所列出的所有组件，在第一列中按与行相同的顺序列出所有组件。

步骤 2：以行为单位，两两分析组件，观察两者有无相互作用，即是否有接触。如果有相互作用，则在矩阵单元中标记"+"；如果没有相互作用，则在矩阵单元中标记"-"。为了醒目，可以将"+"加粗或写大一些，将"-"写小一些。

步骤 3：重复以上步骤，直至分析完所有行。

步骤 4：如果发现某个组件在矩阵中所在行与列都为"-"，则意味着该组件与其他组件均无相互作用，说明这个组件对其他组件没有功能，可以将这个组件去掉，不予考虑。

步骤 5：检查相互作用矩阵是否以左上到右下对角线对称，如果矩阵不对称，则说明相互作用分析的结果存在问题，需要检查修改。

以下是相互作用分析的注意事项：

(1) 相互作用矩阵的行与列中的组件一定要按照相同的顺序排列，否则不能利用矩阵的对称性判断相互作用矩阵是否有错误。

(2) 靠场接触的相互作用容易被忽略。例如，两个磁铁表面上看似没有接触，却有相互作用，它们是靠磁场产生相互作用的，如图 2-18 所示。

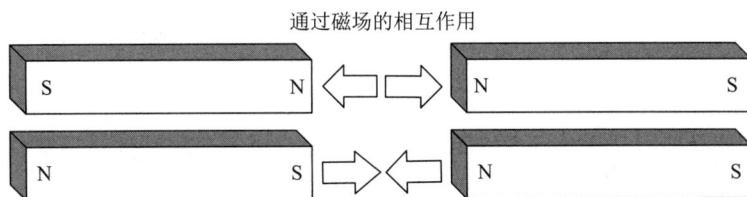

图 2-18　靠场接触的相互作用

案例 2.2：眼镜的相互作用分析

以眼镜为例，对眼镜组件分析中列出的组件(包括系统组件与超系统组件)做相互作用分析，得到眼镜的相互作用矩阵，如表 2-4 所示。

表 2-4 眼镜的相互作用矩阵

	镜片	镜框	镜腿	鼻托	转轴	螺丝	光线	人-眼	人-鼻	人-耳	异物	空气
镜片		+	-	-	-	-	+	-	-	-	+	+
镜框	+		-	-	+	+	+	-	-	-	+	+
镜腿	-	-		-	+	-	+	-	-	+	+	+
鼻托	-	-	-		-	+	+	-	+	-	+	+
转轴	-	+	+	-		-	+	-	-	-	+	+
螺丝	-	+	-	+	-		+	-	-	-	+	+
光线	+	+	+	+	+	+		+	+	+	+	+
人-眼	-	-	-	-	-	-	+		-	-	+	+
人-鼻	-	-	+	+	-	-	+	-		-	+	+
人-耳	-	-	+	-	-	-	+	-	-		+	+
异物	+	+	+	+	+	+	+	+	+	+		+
空气	+	+	+	+	+	+	+	+	+	+	+	

练习 2.2：相互作用分析

对身边某个熟悉的物品的系统组件与超系统组件做相互作用分析，例如以矿泉水瓶为例做相互作用分析。

2.3.4 功能建模

功能建模是功能分析的第三个步骤，目的是在相互作用分析的基础上构建所研究系统的功能模型。功能模型描述有相互作用的组件(包括系统组件与超系统组件)之间的有用功能和有害功能、有用功能的等级和性能水平。

1. 功能的分类

按照所起作用的好坏，可以将功能分为以下两种：

(1) 有用功能：期望的功能。例如，汽车运载人，是期望的功能，因此是有用功能。

(2) 有害功能：与期望相反的功能。例如，汽车撞倒人，是与期望相反的功能，因此是有害功能，如图 2-19 所示。

汽车运载人   汽车撞倒人

图 2-19 汽车的有用功能和有害功能

需要注意的是，有用功能和有害功能要根据所研究系统的目标具体判断。期望不同，同一个功能可能是有用功能，也可能是有害功能。例如，足球守门员阻挡足球，对于防守方是有用功能，但对于进攻方就是有害功能，如图 2-20 所示。

图 2-20　足球守门员阻挡足球

主要功能是指所研究系统被设计意图设计用来执行的功能。主要功能相当于系统的 DNA，它不会随着系统所执行的具体功能的改变而改变。例如，椅子的主要功能是支撑人，这是设计椅子的意图，如图 2-21 所示。在实际使用中，椅子上可能会放置物品，但是放置物品不是椅子的被设计意图，因此放置物品不是椅子的主要功能。

图 2-21　椅子的设计意图是支撑人

系统的主要功能可能不止一个。例如，汽车的主要功能既可以是运输人，也可以是运输货物；空调的主要功能既可以是加热或冷却空气，也可以是调节空气湿度。

根据功能的作用对象不同，可以把有用功能划分出等级并进行评分，如图 2-22 所示。

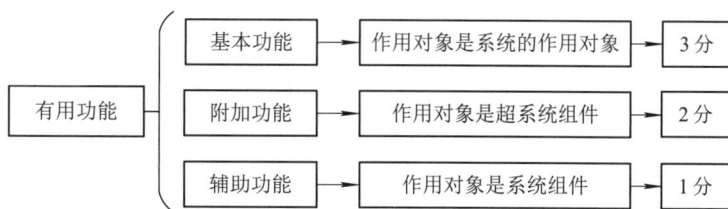

图 2-22　有用功能等级与得分

(1) 基本功能：作用对象是系统主要功能的作用对象，计 3 分。例如眼镜系统的作用对象是光线，则镜片折射光线属于基本功能，计 3 分。

(2) 附加功能：作用对象是除系统主要功能作用对象之外的超系统组件，计 2 分。例如镜片阻挡异物，异物是眼镜系统的一个超系统组件，因此，镜片阻挡异物属于附加功能，计 2 分。

(3) 辅助功能：作用对象是系统组件，计 1 分。例如镜框支撑镜片，镜片是眼镜系统的一个系统组件，因此镜框支撑镜片属于辅助功能，计 1 分。

需要注意的是，上述基本功能、附加功能、辅助功能的评分分值可以根据实际情况进行调整。

按照有用功能的性能水平，可以将有用功能分为三类，如图 2-23 所示。

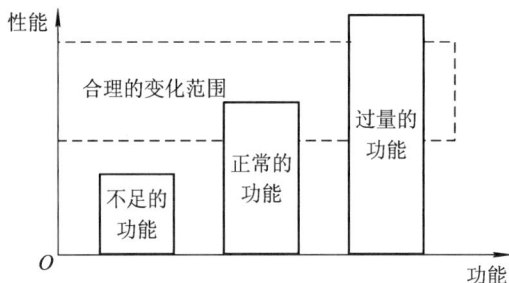

图 2-23   有用功能的性能水平

(1) 正常的功能：性能水平与期望值相符的有用功能。

(2) 不足的功能：性能水平低于期望值的有用功能。

(3) 过量的功能：性能水平高于期望值的有用功能。

例如，加湿器的主要功能是增加空气湿度。如果使用加湿器后空气湿度在人体的舒适湿度区间内，则加湿器增加空气湿度的功能的性能水平正常，即加湿器增加空气湿度的功能属于正常的功能；如果使用加湿器后空气湿度未达到人体的舒适湿度区间，则加湿器增加空气湿度的功能属于不足的功能；如果使用加湿器后的空气湿度超出人体的舒适湿度区间，则加湿器增加空气湿度的功能属于过量的功能。

2. 功能模型列表

功能建模的输出之一是功能模型列表，如表 2-5 所示。后续可以在功能模型列表的基础上画出功能模型图。

表 2-5   功能模型列表

功能	等级	性能水平	功能得分	总分
组件 1				
动词＋组件	基本功能/附加功能/辅助功能/有害功能	不足/正常/过量		
动词＋组件	基本功能/附加功能/辅助功能/有害功能	不足/正常/过量		
...				
动词＋组件	基本功能/附加功能/辅助功能/有害功能	不足/正常/过量		
组件 n				
动词＋组件	基本功能/附加功能/辅助功能/有害功能	不足/正常/过量		

功能建模的步骤：

步骤 1：根据相互作用矩阵中组件的顺序，逐个分析每个组件与其他组件之间是否存在功能。

步骤 2：如果存在功能，则判断该功能是有用功能还是有害功能；如果是有用功能则执行步骤 3，如果是有害功能则返回步骤 1。

步骤 3：分析该有用功能的等级(基本功能、辅助功能、附加功能)，并给出得分。

步骤 4：分析该有用功能的性能水平(正常、不足、过量)，返回步骤 1。

步骤 5：当所有组件分析完成后，列出如表 2-5 所示的功能模型列表。

功能建模的注意事项有：

(1) 功能分析不是一个人的工作，而是一个团队的工作。由团队成员共同完成功能分析有利于团队成员达成共识。

(2) 对系统做功能分析的过程，其实就是一个了解和认识系统的过程。不要放过不清晰的功能，了解越多，功能越清晰。

(3) 对于同一系统，不同团队所做的功能分析的结果不一定完全相同。

案例 2.3：眼镜的功能模型列表

以眼镜系统为例，按照功能建模的步骤对眼镜做功能建模，得到眼镜的功能模型列表，如表 2-6 所示。

表 2-6 眼镜的功能模型列表

功能	等级	性能水平	功能得分	总分
镜片				
折射光线	基本功能	不足	3	
阻挡异物	附加功能	正常	2	5
吸附异物	有害功能			
镜框				
支撑镜片	辅助功能	正常	1	
支撑转轴	辅助功能	正常	1	3
支撑螺丝	辅助功能	正常	1	
镜腿				
支撑转轴	辅助功能	正常	1	
挤压人-耳	有害功能			1
鼻托				
支撑螺丝	辅助功能	正常	1	
挤压人-鼻	有害功能			1
转轴				
限定镜腿	辅助功能	正常	1	
支撑镜框	辅助功能	正常	1	2

续表

功能	等级	性能水平	功能得分	总分
螺丝				
限定鼻托	辅助功能	正常	1	2
支撑镜框	辅助功能	正常	1	
人-鼻				
支撑鼻托	辅助功能	正常	1	1
人-耳				
支撑镜腿	辅助功能	正常	1	1
人-眼				
接收光线	基本功能	正常	3	3
异物				
阻挡光线	有害功能			

在眼镜系统中空气(超系统组件)对异物(超系统组件)有悬浮的功能，这是一个超系统组件对另一个超系统组件的功能，表 2-6 中可以不列出空气对异物的功能。由于人-眼接收光线与镜片折射光线相关联，因此表 2-6 中列出了人-眼接收光线的功能。

转轴限定镜腿是指镜腿只能围绕转轴旋转，而镜腿其他方向的运动被转轴限制住。螺丝限定鼻托是指鼻托只能围绕螺丝小范围调整，而鼻托其他方向的运动被螺丝限制住。

镜片、镜框、镜腿等组件都存在吸附异物的功能。镜片吸附异物是有害的功能，不仅影响镜片的外观，而且阻挡光线；镜框、镜腿等其他组件吸附异物的影响很小，可以忽略。因此，表 2-6 中只列出镜片吸附异物的功能，而不列出镜框、镜腿等其他组件吸附异物的功能。

练习 2.3：功能模型列表

对身边某个熟悉的物品做功能建模，得到功能模型列表，例如给出矿泉水瓶的功能模型列表。

3. 功能模型图

在功能模型列表的基础上，进一步构建功能模型图。

构建功能模型图的注意事项有：

(1) 将系统组件用▢表示，超系统组件用◯表示，作用对象用▢表示。

(2) 组件之间的功能用线段与箭头表示，其中正常的功能用 ⟶ 表示，不足的功能用 --⟶ 表示，过量的功能用 ⟹ 表示，有害功能用 ⤳ 表示。

(3) 建议先画出主要功能所对应的组件，再画出基本功能、附加功能、辅助功能所对应的组件。

(4) 组件横向或竖向排列，尽量不要斜着排列。

(5) 指向功能受体的线段与箭头尽量不要出现交叉。

案例 2.4：眼镜的功能模型图

以眼镜为例，对眼镜画出功能模型图，如图 2-24 所示。

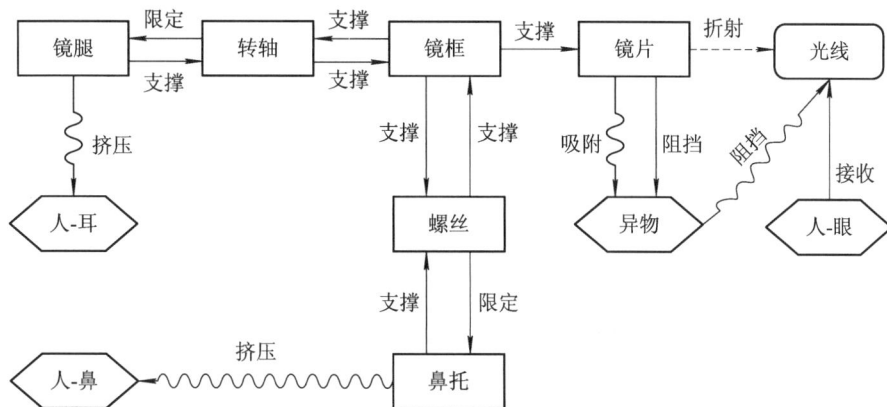

图 2-24 眼镜的功能模型图

由于人-眼接收光线与镜片折射光线相关联，因此在图 2-24 中画出了人-眼接收光线的功能。

练习 2.4：功能模型图

对身边某个熟悉的物品做功能模型图，例如以矿泉水瓶为例做功能模型图。

4. 列出有缺陷的功能

除正常的功能之外，不足的功能、过量的功能和有害功能都属于有缺陷的功能。

在功能模型列表或功能模型图的基础上，很容易发现有缺陷的功能，由此可得到有缺陷的功能列表。

案例 2.5：眼镜的有缺陷的功能列表

以眼镜为例，列出眼镜的有缺陷的功能列表，如表 2-7 所示。

表 2-7 有缺陷的功能列表

序号	功能缺陷	缺陷类型
1	镜片折射光线不足	不足
2	镜片吸附异物	有害
3	鼻托挤压人-鼻	有害
4	镜腿挤压人-耳	有害
5	异物阻挡光线	有害

练习 2.5：有缺陷的功能列表

对身边某个熟悉的物品做有缺陷的功能列表，例如以矿泉水瓶为例列出有缺陷的功能列表。

2.3.5 价值分析

价值分析是功能分析的第四个步骤,用于对比系统中各个组件的价值与成本。

1. 组件价值的计算

组件价值的计算公式为

$$价值 = \frac{功能}{成本}$$

其中,功能的取值是参照 2.3.4 节功能模型列表中组件功能的得分而定的,成本的取值是参照组件的市场价格而定的。

所研究系统的组件价值既可以采用组件价值列表表示,也可以用组件价值图来表示。

(1) 组件价值列表,如表 2-8 所示。

表 2-8 组件价值列表

组件	功 能 得 分	成 本	价 值
组件 1			
...			
组件 n			

案例 2.6:眼镜的组件价值列表

以眼镜为例,列出眼镜的组件价值列表(此处成本非实际价格,仅用于案例展示),如表 2-9 所示。

表 2-9 眼镜的组件价值列表

序号	组　件	功能得分	成本/元	价值
①	镜片	5	20	0.25
②	镜框	3	20	0.15
③	镜腿	1	10	0.1
④	鼻托	1	4	0.25
⑤	转轴	2	2	1
⑥	螺丝	2	1	2

练习 2.6:组件价值列表

对身边某个熟悉的物品做组件价值列表,例如以矿泉水瓶为例做组件价值列表。

(2) 组件价值图,如图 2-25 所示。组件价值图的横轴是成本,纵轴是功能得分。组件价值图中用序号表示组件,组件与原点连线形成的线段的斜率反映了组件的价值。

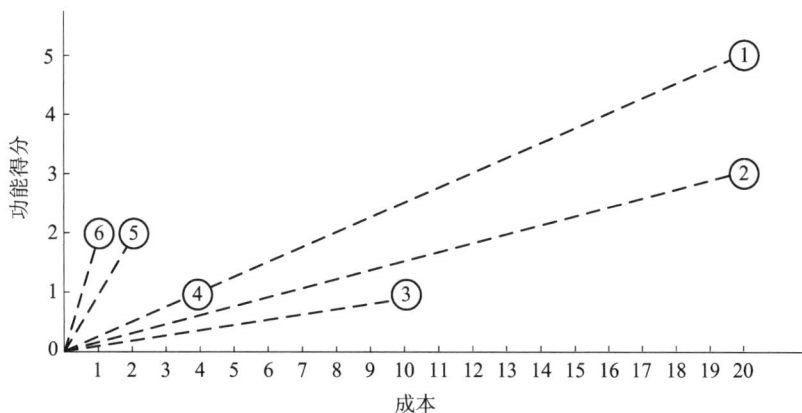

图 2-25　组件价值示意图

案例 2.7：眼镜的组件价值图

以眼镜为例，画出眼镜的组件价值图，如图 2-25 所示。

练习 2.7：组件价值图

对身边某个熟悉的物品做组件价值图，例如以矿泉水瓶为例做组件价值图。

2. 提升组件价值的策略

组件价值图可以直观显示各个组件的价值。设置一条斜线(虚线)，该斜线表示预期的组件价值，如图 2-26 所示，那么从经济学角度看，最优的组件价值图就是所有组件在斜线上或接近斜线。

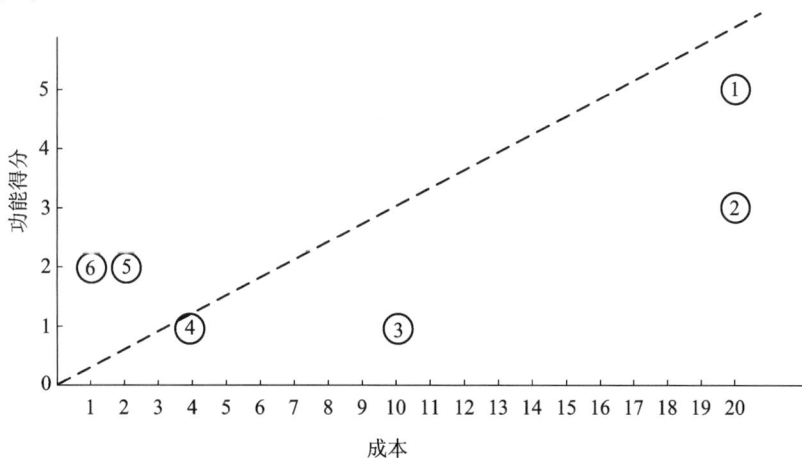

图 2-26　预期的组件价值斜线

为了提升整个系统组件的价值，可以将组件价值图分为 4 个区域：高功能低成本区域、高功能高成本区域、低功能低成本区域、低功能高成本区域。高功能低成本区域是组件价值最高的区域；对于高功能高成本区域的组件，提升组件价值的策略为通过降低成本的方法将其转移到高功能低成本区域；对于低功能低成本区域的组件，提升组件价值的策略为通过提升功能得分的方法将其转移到高功能低成本区域；对于低功能高成本区域的组件，可以采取的策略为剪裁掉该组件(详见 2.5 节内容)。提升组件价值的策略图如图 2-27 所示。

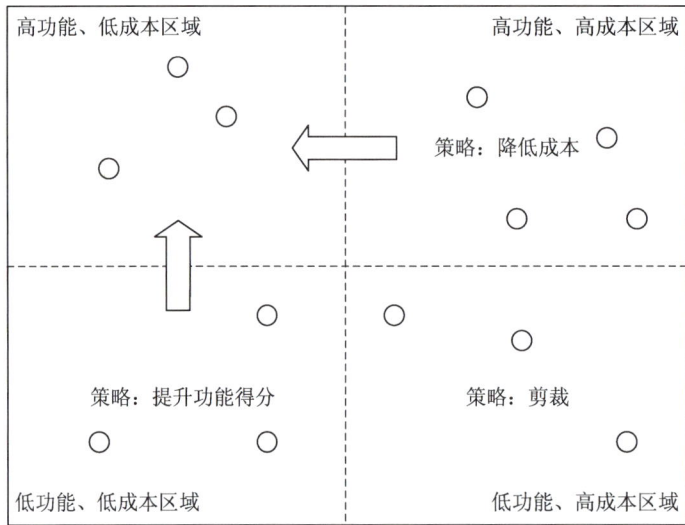

图 2-27　提升组件价值的策略图

2.4　因果链分析

2.4.1　因果链概念

　　因果链分析是用于全面深度识别所研究系统缺点的工具。

　　因果链是一种描绘缺点之间因果关系的图形模型。因果链的结构类似于冰山，如图 2-28 所示。冰山在水面上面这部分代表已知的缺点，在水面下面隐藏着的部分则代表更多的未知缺点。构建因果链的过程就是从冰山在水面上面的已知缺点(初始缺点)出发，不断向下挖掘隐藏的各种缺点，并将这些缺点按照因果顺序链接形成具有层级关系的因果链的过程。

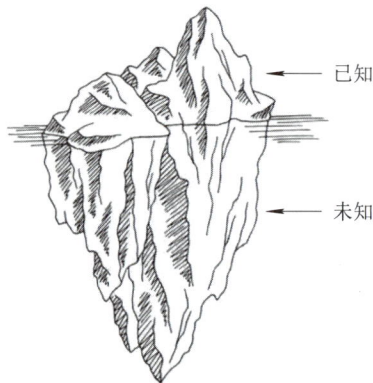

图 2-28　因果链的冰山示意图

因果链分为由一个或多个初始缺点形成的因果链和循环的因果链。

(1) 由一个或多个初始缺点形成的因果链。

如图 2-29 所示，因果链中的缺点可以按其在因果链中的位置分为初始缺点、中间缺点和末端缺点。最上面的是初始缺点，最下面的是末端缺点，处于初始缺点和末端缺点之间的是中间缺点。

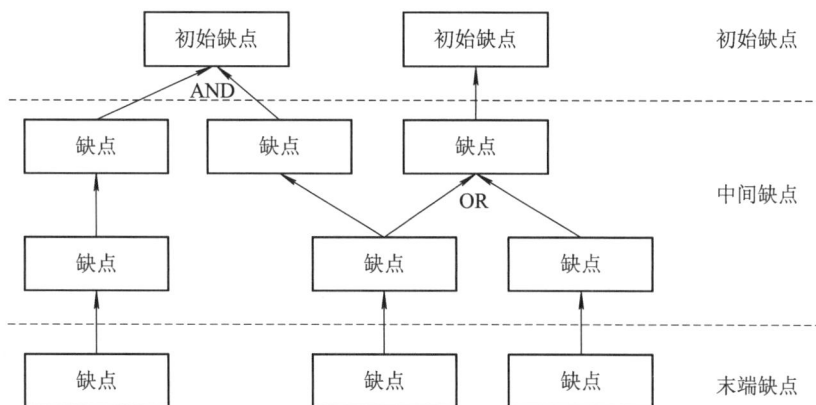

图 2-29　多个初始缺点形成的因果链示意图

初始缺点是因果链的起点，末端缺点是因果链的终点。实践中发现，通过 2.2 节介绍的功能分析得到的功能缺陷通常是因果链的中间缺点，其位置与初始缺点接近。这表明功能分析得到的缺点往往是浅层次的缺点，也说明功能分析只能发现缺点，难以发现缺点产生的原因。

因果链与功能缺陷的关系如图 2-30 所示。

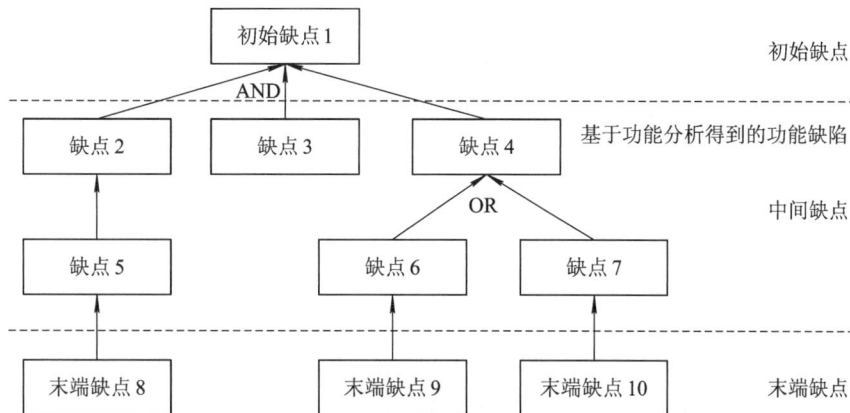

图 2-30　因果链与功能缺陷的关系示意图

(2) 循环的因果链。

当一个缺点产生的直接或间接原因是该缺点本身，则构成循环的因果链，也称为恶性循环。例如，某人白天上班没精神，其原因是前一天晚上失眠了；前一天晚上失眠的原因是前一天白天喝了大量咖啡提神；前一天白天喝大量咖啡提神的原因是前一天白天上班没精神；前一天白天上班没精神的原因是前二天晚上失眠了……这就是一个循环的因果链，如图 2-31 所示。

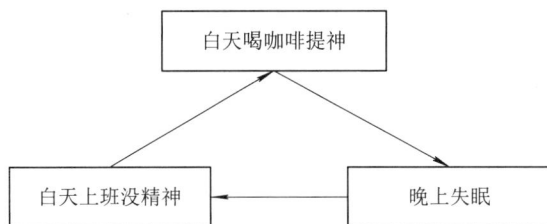

图 2-31　循环的因果链示意图

本节介绍由一个初始缺点形成的因果链。

2.4.2　缺点的类型

1. 初始缺点

初始缺点是因果链分析的起点，决定着因果链分析的方向。

确定初始缺点是构建因果链的第一步，也是构建因果链的难点。在确定初始缺点时，经常遇到以下三个问题：

(1) 不清楚初始缺点是什么；

(2) 不同项目成员认为的初始缺点不一样；

(3) 很多人简单认为初始缺点就是项目最开始遇到的显而易见的问题。

确定初始缺点的方法有两种：

(1) 将与项目目标完全相反的缺点作为初始缺点。例如，项目目标是提高生产效率，那么初始缺点是生产效率低；项目目标是降低生产成本，则初始缺点是生产成本高。

(2) 由项目最开始遇到的显而易见的问题连续做结果推导，从结果中选择对人的生活或工作或生产影响最大的那个问题作为初始缺点。例如，冬天北方天气干燥容易产生静电，如果把产生静电作为初始缺点，则此问题很难解决，也没有必要解决。此时可以对产生静电做结果推导，静电造成的结果是人感到疼痛或产生电火花等，所以可以把人感到疼痛或产生电火花作为初始缺点。

如果由这两种方法产生的初始缺点不一致，则优先选取第二种方法确定的初始缺点。

案例 2.8：眼镜的初始缺点

以眼镜为例，眼镜的项目目标是镜片长久使用无磨损。

根据第一种方法确定初始缺点：眼镜的项目目标是镜片长久使用无磨损，与项目目标完全相反的缺点为镜片出现磨损，则确定初始缺点为"镜片出现磨损"。

根据第二种方法确定初始缺点，如图 2-32 所示。

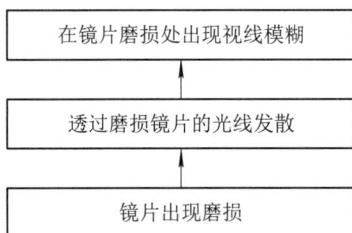

图 2-32　确定眼镜的初始缺点

（1）选取一个显而易见的问题，例如镜片出现磨损。

（2）由该显而易见的问题连续做结果推导。例如镜片出现磨损造成的结果是透过磨损镜片的光线发散，透过磨损镜片的光线发散造成的结果是在镜片磨损处出现视线模糊。

（3）从镜片出现磨损、透过磨损镜片的光线发散、在镜片磨损处出现视线模糊中选择对人的生活或工作或生产影响最大的问题作为初始缺点，即将"在镜片磨损处出现视线模糊"作为初始缺点。

优先选取第二种方法确定的初始缺点，即"在镜片磨损处出现视线模糊"。

练习 2.8：确定初始缺点

确定身边某个熟悉的物品的初始缺点，例如确定矿泉水瓶的某缺点为初始缺点。

2. 中间缺点

中间缺点是指处于初始缺点和末端缺点之间的缺点。它是上一级缺点产生的原因，又是下一级缺点造成的结果。

1）寻找中间缺点的方法：

寻找中间缺点时应该像剥洋葱一样一层一层地寻找直接缺点，尽可能避免出现跳跃，如图 2-33 所示。直接缺点是指由物理上有直接接触的组件引起的缺点。

图 2-33　一层一层包裹的洋葱

如果寻找中间缺点时出现跳跃，就会有很多缺点被忽略掉。例如，汽车撞到人，那么汽车与人有碰撞接触是直接缺点，如果选择汽车车速太快或人出现在汽车行驶轨迹上等缺点，则会忽略掉很多缺点。

寻找直接缺点的方法有：

（1）在有缺陷的功能列表中寻找。

（2）从科学效应对应的科学原理入手。例如寻找"冲击力太大"的直接缺点，可按照动量公式 $P=mv$（m 表示质量，v 表示速度）寻找。

（3）咨询行业或领域专家。

（4）查阅文献。

2）同一层级缺点的关系

造成缺点的下一层级缺点可能不止一个。如果同一层级缺点超过一个，则需要标识同一层级缺点的相互关系。通常采用 And 或 Or 运算符来标识同一层级缺点的相互关系。

And 运算符用于表示某层级的缺点是其下一层级的几个缺点共同作用的结果。下一层级的缺点相互依赖，缺少任何一个，则该层级的缺点都不会发生。例如，水结冰的条件包括水温下降到冰点（标准大气压下为 0℃）、环境温度低于水温、水中存在冻结核，这三个条件缺少任何一个都不会引起水结冰。使用 And 运算符表示这三个缺点的关系，如图 2-34 所示。

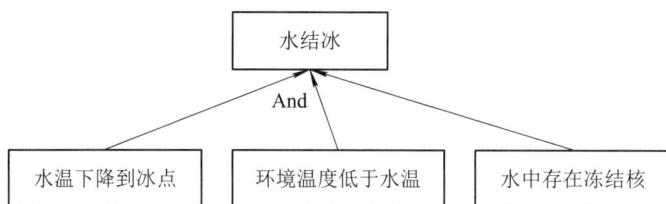

图 2-34 And 运算符示例

Or 运算符用于表示某层级的缺点是其下一层级几个缺点中的任何一个单独作用的结果。此时必须将下一层级的所有缺点都解决才能解决该层级的缺点。例如，如果用户购买的产品缺少零件，造成这一缺点的下一层缺点有产品出厂缺少零件、产品运输过程掉落零件、产品拆开使用时掉落零件。此时必须将这三个缺点都解决才能解决用户购买的产品缺少零件这一问题。使用 Or 运算符表示这三个缺点的关系，如图 2-35 所示。

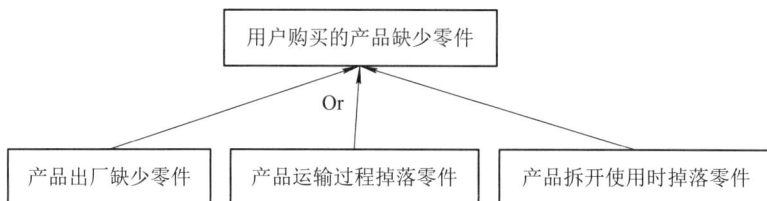

图 2-35 Or 运算符示例

注意事项：

(1) 同一层级有多个缺点，这些缺点的关系要么采用 And 运算符表示，要么采用 Or 运算符表示。不能将同一层级的这几个缺点采用 And 运算符表示、那几个缺点采用 Or 运算符表示。如果同一层级多个缺点既采用 And 运算符表示又采用 Or 运算符表示，则说明这些缺点还可以进一步划分层级。

(2) 使用时注意不要混淆 And 运算符和 Or 运算符。

(3) And 运算符反过来就是 Or 运算符，Or 运算符反过来就是 And 运算符。例如图 2-34 中水结冰的三个条件的关系是采用 And 运算符表示的，如果缺点是水无法结冰，则其下一层级缺点(水温高于冰点、环境温度高于水温、水中不存在冻结核)的关系采用 Or 运算符表示。

(4) 在实践中可以根据 And 运算符和 Or 运算符中各种缺点的出现概率或影响程度设置缺点的权重信息。

3. 末端缺点

理论上，做因果链分析时可以无穷无尽地寻找中间缺点，但是在分析具体项目时，无穷无尽地寻找下去没有意义，此时因果链需要一个终点。这个终点就是末端缺点。

因果链的终止条件有：

(1) 达到物理、化学、生物或几何等领域的极限时。例如当某个缺点是物体的某物理或化学或生物或几何参数所导致的，且该参数值已经是物体的物理或化学或生物或几何极限，则该缺点可作为末端缺点。

(2) 达到生物基因特征时。例如当某个缺点是人类的基因特征时，则该缺点可作为末端缺点。

(3) 达到自然现象时。例如当某个缺点是由厄尔尼诺现象导致时，则该缺点可作为末端缺点。

(4) 达到成本的极限或人的本性时，则该缺点可作为末端缺点。

(5) 达到法规、国家或行业标准等的限制时，则该缺点可作为末端缺点。

(6) 根据项目具体情况，继续深入挖掘下去会变得与本项目无关时。

(7) 考虑项目制约因素(当前技术水平、物质条件、经费预算等)，即便可进一步挖掘，但无助于解决问题时。

(8) 不能继续找到下一层原因时(超出团队成员的知识边界)。

2.4.3 构建因果链

构建因果链的步骤：

步骤 1：确定初始缺点。

步骤 2：寻找下一层级缺点。用带箭头的线段连接当前缺点与上一层级缺点；如果存在多个缺点，使用运算符"And"或"Or"表示同一层级缺点的关系。

步骤 3：判断当前缺点是否可作为末端缺点，如果是则终止，如果否则重复步骤 2。

注意事项：

(1) 构建因果链是对个人的知识与能力相当有挑战的工作，建议以团队为单位开展，而且团队内应尽可能配备不同领域的专家，避免出现超出个人知识与能力边界的情形。

(2) 不同团队构建的因果链可能相差很大，这与团队成员的知识构成与能力相关联。

(3) 团队构建因果链的过程中经常出现做不下去的情况，此时需要推倒重来，重新确定初始缺点，经过多次迭代才能形成相对合理且能让团队成员达成共识的因果链。

案例 2.9：构建眼镜的因果链

以眼镜为例，构建眼镜的因果链。

步骤 1：确定初始缺点。

眼镜的初始缺点是在镜片磨损处出现视线模糊(案例 2.8 确定初始缺点)。

步骤 2：寻找下一层级缺点。

对于初始缺点"0 在镜片磨损处出现视线模糊"，导致其发生的下一层级缺点为"1 镜片上出现磨损""2 磨损处发散光线""3 发散光线落在视网膜上"。这三个缺点中缺少任何一个都不会发生"0 在镜片磨损处出现视线模糊"，因此使用运算符"And"表示这三个缺点的关系。

对于缺点"1 镜片上出现磨损"，导致其发生的下一层级缺点为"1.1 异物接触镜片""1.2 异物挤压镜片""1.3 异物与镜片有相对运动"。这三个缺点中缺少任何一个都不会发生"1 镜片上出现磨损"，因此使用运算符"And"表示这三个缺点的关系。

对于缺点"2 磨损处发散光线"，导致其发生的下一层级缺点为"2.1 光线经过磨损处被折射"。

对于缺点"1.1 异物接触镜片"，导致其发生的下一层级缺点为"1.1.1 环境中存在异物"和"1.1.2 镜片吸附异物"。这两个缺点中缺少任何一个都不会发生"1.1 异物接触镜片"，因此使用运算符"And"表示这两个缺点的关系。

对于缺点"1.2 异物挤压镜片",导致其发生的下一层级缺点为"1.2.1 外力挤压异物"。

对于缺点"1.3 异物与镜片有相对运动",导致其发生的下一层级缺点为"1.3.1 异物在镜片上的位置发生变化"。

步骤 3:判断当前缺点是否为末端缺点。

缺点"1.1.1 环境中存在异物"属于自然现象,符合终止条件,该缺点可作为末端缺点。

缺点"1.1.2 镜片吸附异物"属于物理现象,符合终止条件,该缺点可作为末端缺点。

缺点"1.2.1 外力挤压异物"属于物理现象,符合终止条件,该缺点可作为末端缺点。

缺点"1.3.1 异物在镜片上的位置发生变化"属于物理现象,符合终止条件,该缺点可作为末端缺点。

缺点"2.1 光线经过磨损处被折射"属于物理现象,符合终止条件,该缺点可作为末端缺点。

缺点"3 发散光线落在视网膜上"属于生物特征,符合终止条件,该缺点可作为末端缺点。

用带箭头的线段连接上述缺点,得到如图 2-36 所示的因果链。

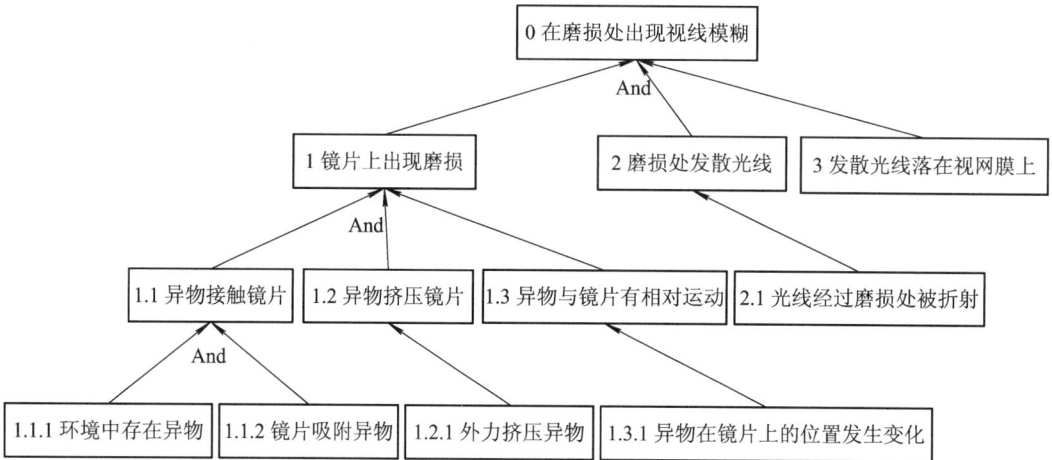

图 2-36   眼镜的因果链示例

练习 2.9:构建因果链

以身边某个熟悉的物品的缺点为初始缺点构建因果链,例如以矿泉水瓶的某个缺点为初始缺点构建因果链。

2.4.4   关键缺点与关键问题

1. 关键缺点

如果因果链中某一个缺点被解决,则初始缺点就能够被解决,那么该缺点就称为关键缺点。

关键缺点是从因果链的中间缺点和末端缺点中选择的。因此,因果链的层级越多,可供选择的中间缺点和末端缺点就越多。

关键缺点可能是中间缺点,也可能是末端缺点。如果采用末端缺点作为关键缺点,那么它所引起的一系列问题都能被解决,解决问题更彻底,但是末端缺点少且通常不易解决;

如果采用中间缺点作为关键缺点，则可选的中间缺点多，很容易找到可以解决的中间缺点。

选择关键缺点时需要特别注意逻辑关系 And 或 Or。

(1) 如果同一层级的缺点之间是 And 关系，则该层级的任何一个缺点被解决时都能解决上一层级缺点。例如，图 2-34 所示的缺点"水结冰"，下一层级缺点(水温下降到冰点、环境温度低于水温、水中存在冻结核)之间是 And 关系，因此"水温下降到冰点""环境温度低于水温""水中存在冻结核"这三个缺点中的任何一个缺点被解决都能解决缺点"水结冰"。

(2) 如果同一层级的缺点之间是 Or 关系，则应尽可能从该层级的更高层级来解决。如果要从该层级来解决，则当前层级的所有缺点都被解决时才能解决上一层级缺点，解决难度大。例如，图 2-35 所示的缺点"用户购买的产品缺少零件"，其下一层缺点(产品出厂缺少零件、产品运输过程掉落零件、产品拆开使用时掉落零件)之间是 Or 关系，因此"产品出厂缺少零件""产品运输过程掉落零件""产品拆开使用时掉落零件"这三个缺点全都被解决才能解决缺点"用户购买的产品缺少零件"，解决难度大。

如图 2-37 所示的因果链，同一层级的缺点 2 和缺点 3 之间是 And 关系，因此解决缺点 2 和缺点 3 中的任意一个缺点就可解决初始缺点 1。缺点 4 是缺点 2 的下一层级缺点，缺点 7 是缺点 4 的下一层级缺点。由此可知，解决缺点 2、缺点 3、缺点 4、缺点 7 中的任何一个缺点都可以解决初始缺点 1。

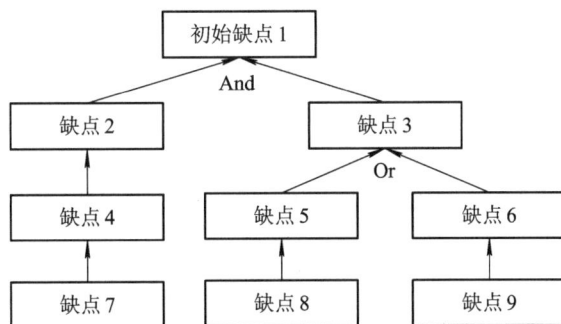

图 2-37　关键缺点示例图

缺点 5 和缺点 6 是同一层级缺点，它们之间是 Or 关系，因此缺点 5 和缺点 6 同时被解决才能解决缺点 3。缺点 8 是缺点 5 的下一层级缺点，缺点 9 是缺点 6 的下一层级缺点。由此可知，仅解决缺点 5、缺点 6、缺点 8、缺点 9 中的任何一个缺点都不能解决初始缺点 1。

因此，缺点 2、缺点 3、缺点 4、缺点 7 可作为关键缺点。

案例 2.10：眼镜的关键缺点

根据如图 2-36 所示眼镜案例的因果链，选择关键缺点。

缺点 1、缺点 2 和缺点 3 是 And 关系，解决任何一个缺点就可解决初始缺点 0；

缺点 1.1、缺点 1.2 和缺点 1.3 是 And 关系，解决任何一个缺点就可解决缺点 1；

缺点 1.1.1 和缺点 1.1.2 是 And 关系，解决任何一个缺点就可解决缺点 1.1；

缺点 1.2.1 是缺点 1.2 的下一层级缺点；

缺点 1.3.1 是缺点 1.3 的下一层级缺点；

缺点 2.1 是缺点 2 的下一层级缺点；

因此，缺点 1、缺点 2、缺点 3、缺点 1.1、缺点 1.2、缺点 1.3、缺点 1.1.1、缺点 1.1.2、缺点 1.2.1、缺点 1.3.1、缺点 2.1 都可作为关键缺点，解决其中任何一个缺点就可解决初始缺点。

练习 2.10：选择关键缺点

在练习 2.9 的基础上选择因果链中的关键缺点，例如以矿泉水瓶为例选择因果链中的关键缺点。

2. 关键问题

关键缺点对应的问题就是关键问题。例如，关键缺点是"产品零件缺失"，那么相应的关键问题就是"如何防止产品零件缺失"。由关键缺点和关键问题构成关键缺点转化为关键问题列表，如表 2-10 所示。

需要注意的是，单个关键缺点对应的关键问题可能不止一个。

表 2-10   关键缺点转化为关键问题列表

序号	关 键 缺 点	关 键 问 题

案例 2.11：眼镜的关键缺点转化为关键问题

根据如图 2-36 所示眼镜案例的因果链，将关键缺点转化为关键问题。

缺点 1、缺点 2、缺点 3、缺点 1.1、缺点 1.2、缺点 1.3、缺点 1.1.1、缺点 1.1.2、缺点 1.2.1、缺点 1.3.1、缺点 2.1 可作为关键缺点。将这些关键缺点转化为关键问题，如表 2-11 所示。

表 2-11   眼镜的关键缺点转化为关键问题列表

序号	关 键 缺 点	关 键 问 题
1	镜片上出现磨损	如何避免镜片上出现磨损？
2	磨损处发散光线	如何避免磨损处发散光线？
3	发散光线落在视网膜上	如何避免发散光线落在视网膜上？
1.1	异物接触镜片	如何避免异物接触镜片？
1.2	异物挤压镜片	如何避免异物挤压镜片？
1.3	异物与镜片有相对运动	如何避免异物与镜片有相对运动？
1.1.1	环境中存在异物	如何消除环境中的异物？
1.1.2	镜片吸附异物	如何避免镜片吸附异物？
1.2.1	外力挤压异物	如何避免外力挤压异物？
1.3.1	异物在镜片上的位置发生变化	如何避免异物在镜片上的位置发生变化？
2.1	光线经过磨损处被折射	如何避免光线经过磨损处被折射？

练习 2.11：关键缺点转化为关键问题

在练习 2.10 的基础上将关键缺点转化为关键问题，例如以矿泉水瓶为例将关键缺点转化为关键问题。

2.4.5　可能的解决方案与约束条件

关键问题通常有很多个常规解决方案，这些常规解决方案称为可能的解决方案。

如果某个关键问题的可能的解决方案具备可实施性且实施过程中没有受到其他条件的约束，那么这个关键问题就被解决了。

如果某个关键问题可能的解决方案具备可实施性但是实施过程中会受到其他条件的约束(约束条件)，那么可将这种情形转化为技术矛盾。技术矛盾的相关内容在第 3 章介绍。

由关键缺点、关键问题、可能的解决方案和约束条件构成关键问题与可能的解决方案列表，如表 2-12 所示。

表 2-12　关键问题与可能的解决方案列表

序号	关键缺点	关键问题	可能的解决方案	约束条件
1				
2				
3				

案例 2.12：眼镜的关键问题与可能的解决方案列表

根据如图 2-36 所示因果链中的关键缺点，进一步写出关键问题、可能的解决方案与约束条件(如有)。

(1) "缺点 1 镜片上出现磨损"作为关键缺点，相应的关键问题为"如何避免镜片上出现磨损？"。避免镜片上出现磨损的一个可能的解决方案是"使用耐磨高透镜片"，但是这个解决方案存在着"眼镜成本高"的约束条件。

(2) "缺点 2 磨损处发散光线"作为关键缺点，相应的关键问题为"如何避免磨损处发散光线？"。避免磨损处发散光线的一个可能的解决方案是"磨损处进行镜片修复"，但是这个解决方案存在着"操作烦琐"的约束条件。

(3) "缺点 3 发散光线落在视网膜上"作为关键缺点，相应的关键问题为"如何避免发散光线落在视网膜上？"。光线的折射属于光线的固有物理特性。由于团队成员的知识有限，目前尚未找到解决方案。

(4) "缺点 1.1 异物接触镜片"作为关键缺点，相应的关键问题为"如何避免异物接触镜片？"。避免异物接触镜片的一个可能的解决方案是"在镜片外表面贴透明保护膜"，但是这个解决方案存在着"操作烦琐"的约束条件。

(5) "缺点 1.2 异物挤压镜片"作为关键缺点，相应的关键问题为"如何避免异物挤压镜片？"。由于团队成员的知识有限，目前尚未找到解决方案。

(6) "缺点 1.3 异物与镜片有相对运动"作为关键缺点，相应的关键问题为"如何避免异物与镜片有相对运动？"。由于团队成员的知识有限，目前尚未找到解决方案。

(7) "缺点 1.1.1 环境中存在异物"作为关键缺点，相应的关键问题为"如何消除环境中的异物？"。消除环境中的异物的一个可能的解决方案是"增加空气湿度或进行空气净化"，但是这个解决方案存在着"受环境条件限制且成本高"的约束条件。

(8) "缺点 1.1.2 镜片吸附异物"作为关键缺点，相应的关键问题为"如何避免镜片吸附异物？"。避免镜片吸附异物的可能的解决方案是"使用防静电吸附镜片"，但是这个解决方案存在着"镜片透明度低"的约束条件。

(9) "缺点 1.2.1 外力挤压异物"作为关键缺点,相应的关键问题为"如何避免外力挤压异物?"。避免外力挤压异物的一个可能的解决方案是"使用吹风装置或超声波振动装置清洁眼镜",但是这个解决方案存在着"吹风装置或超声波振动装置携带不便"的约束条件。

(10) "缺点 1.3.1 异物在镜片上的位置发生变化"作为关键缺点,相应的关键问题为"如何避免异物在镜片上的位置发生变化?"。避免异物在镜片上的位置发生变化的一个可能的解决方案是"使用吹风装置或超声波振动装置清洁眼镜而不是手动擦拭",但是这个解决方案存在着"吹风装置或超声波振动装置携带不便"的约束条件。

(11) "缺点 2.1 光线经过磨损处被折射"作为关键缺点,相应的关键问题为"如何避免光线经过磨损处被折射?"。光线经过磨损处被折射是光线的物理特性。由于团队成员的知识有限,目前尚未找到解决方案。

综上所述,生成关键问题与可能的解决方案列表,如表 2-13 所示。

表 2-13　眼镜的关键问题与可能的解决方案列表

序号	关键缺点	关键问题	可能的解决方案	约束条件
1	镜片上出现磨损	如何避免镜片上出现磨损?	使用耐磨高透镜片	眼镜成本高
2	磨损处发散光线	如何避免磨损处发散光线?	磨损处进行镜片修复	操作烦琐
3	发散光线落在视网膜上	如何避免发散光线落在视网膜上?		
1.1	异物接触镜片	如何避免异物接触镜片?	在镜片外表面贴透明保护膜	操作烦琐
1.2	异物挤压镜片	如何避免异物挤压镜片?		
1.3	异物与镜片有相对运动	如何避免异物与镜片有相对运动?		
1.1.1	环境中存在异物	如何消除环境中的异物?	增加空气湿度或空气净化	受环境条件限制且成本高
1.1.2	镜片吸附异物	如何避免镜片吸附异物?	使用防静电吸附镜片	镜片透明度低
1.2.1	外力挤压异物	如何避免外力挤压异物?	使用吹风装置或超声波振动装置方式清洁眼镜	吹风装置或超声波振动装置携带不便
1.3.1	异物在镜片上的位置发生变化	如何避免异物在镜片上的位置发生变化?	使用吹风装置或超声波振动装置清洁眼镜,而不是手动擦拭	吹风装置或超声波振动装置携带不便
2.1	光线经过磨损处被折射	如何避免光线经过磨损处被折射?		

练习 2.12：关键问题与可能的解决方案

在练习 2.11 的基础上构建关键问题与可能的解决方案列表，例如以矿泉水瓶为例构建关键问题与可能的解决方案列表。

2.5 剪   裁

2.5.1 剪裁概念

剪裁是采用去除系统内的某些组件并用剩余的系统组件或超系统组件替代被去除组件的有用功能的方式转换问题、改进系统的工具。

剪裁的好处是：

(1) 通过尝试剪裁系统的部分组件产生创新的思路；

(2) 剪裁后系统的功能与原系统功能相同，但组件更少，可靠性更高；

(3) 剪裁后系统的功能相同、成本更低，因此剪裁后系统的价值更高。

2.5.2 选择被剪裁的组件

选择剪裁哪些组件是剪裁流程的第一步。

选择被剪裁组件的依据包括：

(1) 功能缺陷清单(2.3 节功能分析结果)；

(2) 功能-成本分析(2.3.5 节价值分析结果)；

(3) 关键缺点清单(2.4 节因果链分析结果)；

(4) 其他情形，例如专利规避等。

建议按照项目的目标选择被剪裁组件：

(1) 如果是为了解决技术问题，建议选择关键缺点或功能缺陷对应的一个或多个组件；

(2) 如果是为了降成本，建议选择成本最高或价值最低的组件；

(3) 如果是为了做专利规避，建议选择与技术特征对应的一个或多个组件；

(4) 如果是为了寻找创新思路，建议将所有的系统组件都尝试一遍；

(5) 根据项目的商业或技术限制决定剪裁的激烈程度(渐进式剪裁或激进式剪裁)。

剪裁的前提条件是被剪裁组件的有用功能必须能被系统剩余组件或超系统组件替代。如果无法对被剪裁组件的所有有用功能进行替代，则不能剪裁掉该组件。

2.5.3 剪裁规则

剪裁规则是在剪裁系统组件时利用剩余组件或超系统组件替代被剪裁组件有用功能的规则。根据被剪裁的组件是功能载体还是功能受体，可以将剪裁规则分为三类。

1. 剪裁规则 A

如果有用功能的功能受体被剪裁，则可以剪裁该有用功能的功能载体。例如，瓶子装水是有用功能，其中瓶子是功能载体，水是功能受体。如果水被喝完(瓶子里没有水)，即功能受体水不存在，那么瓶子作为功能载体就可以被剪裁，如图 2-38 所示。

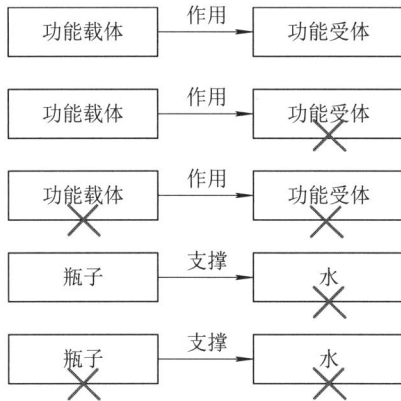

图 2-38　剪裁规则 A

2. 剪裁规则 B

如果功能受体自身能够执行有用功能，则可以剪裁该有用功能的功能载体。例如，在父母教导孩子这个系统中，父母教导孩子是有用功能，其中父母是功能载体，孩子是功能受体。当孩子可以自己教导自己时，那么父母作为功能载体就可以被剪裁，如图 2-39 所示。

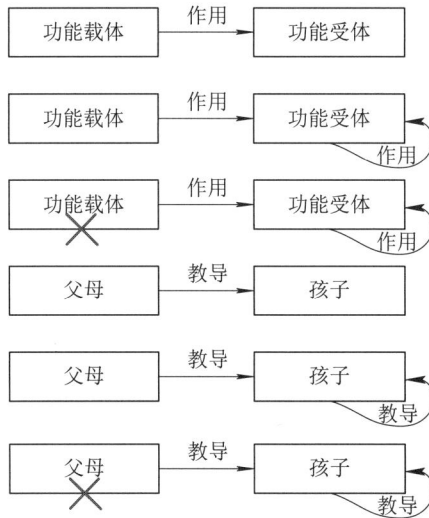

图 2-39　剪裁规则 B

3. 剪裁规则 C

如果另一个组件能够执行某功能载体的有用功能，则可以剪裁该功能载体。例如，自行车上锁系统中，通常用外装的车锁阻挡车轮从而对车轮上锁，车锁阻挡车轮是有用功能，其中车锁是功能载体，车轮是功能受体。新型的折叠自行车可以通过折叠车身完成对轮胎的阻挡，折叠后的自行车身执行了车锁的有用功能，那么车锁作为功能载体就可以被剪裁，如图 2-40 所示。

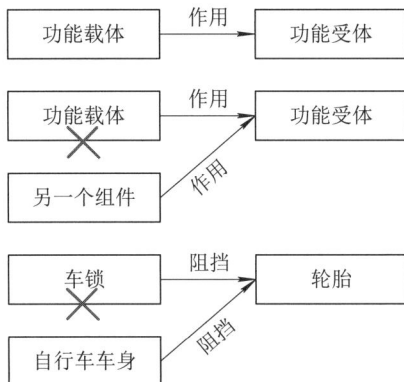

图 2-40　剪裁规则 C

需要注意的是，如果将组件的某个有用功能转移到另一个组件，但该组件仍然存在有用功能，这不属于剪裁。

4. 剪裁激烈程度

三种剪裁规则的激烈程度对比如表 2-14 所示。

表 2-14　剪裁的激烈程度对比

剪 裁 规 则		剪裁对象	剪裁激烈程度
剪裁规则 A	如果有用功能的功能受体被剪裁，则可以剪裁该有用功能的功能载体	功能载体 + 功能受体	高(激进式)
剪裁规则 B	如果功能受体自身能够执行有用功能，则可以剪裁该有用功能的功能载体	功能载体	中
剪裁规则 C	如果另一个组件能够执行某功能载体的有用功能，则可以剪裁该功能载体	功能载体	低(渐进式)

练习 2.13：剪裁规则

从身边某个熟悉的事物中寻找三种剪裁规则对应的案例。

2.5.4　有用功能的替代

有用功能的替代是指将被剪裁组件的有用功能由所研究系统的剩余组件或超系统的组件替代。根据作用是否相似、功能受体是否相同，可以将有用功能的替代分为四种情形。

1. 作用相似，功能受体相同

如图 2-41 所示，如果功能载体 A 的作用与功能载体 B 的作用相似且作用于同一功能受体，则功能载体 B 可以替代功能载体 A。

例如，夏季天气炎热，室内开空调降温。空调降低人体温度是有用功能。如果空调坏了，相当于空调被剪裁了。此时可以选择与空调作用相似、功能受体相同的其他组件替代空调，例如电风扇，因为其同样具有降低人体温度的功能，与空调的作用相似、功能受体相同。

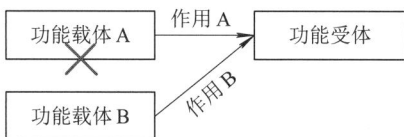

图 2-41   作用相似、功能受体相同

2. 作用相似，功能受体不同

如图 2-42 所示。如果功能载体 A 的作用与功能载体 B 的作用相似却作用于不同的功能受体，则功能载体 B 可以替代功能载体 A。

接上例，如果没有电风扇，则可以寻找与空调作用相似、功能受体不同的组件替代空调。例如冰箱，冰箱的功能是降低物品的温度，与空调具有相似的降低温度的作用，但是与空调的功能受体不同。此时可以选择冰箱替代空调的功能，即打开冰箱门放出冷气降低人体温度。

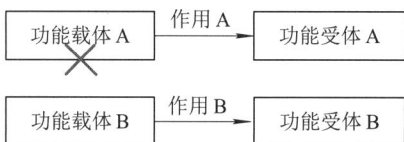

图 2-42   作用相似、功能受体不同

3. 功能受体相同

如图 2-43 所示。如果功能载体 A 和功能载体 B 对功能受体都有任意作用，则功能载体 B 可以替代功能载体 A。

接上例，如果没有冰箱，则可以寻找功能受体相同的组件替代空调。例如冲澡时水与人体有接触，其作用是去除附着在人体表面的汗渍、灰尘等，与空调的作用不同，但功能受体相同，此时可以选择水替代空调实现功能，即可以把水浇在身体上以降低人体温度。

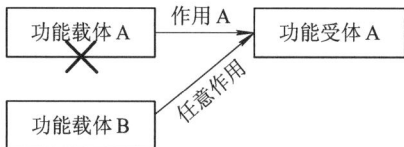

图 2-43   功能受体相同

4. 使用执行功能所需要的资源

如图 2-44 所示。如果功能载体 B 具有功能载体 A 执行功能所需的资源，则功能载体 B 可以替代功能载体 A。

接上例，如果没有水，则可以寻找降低人体温度所需的资源，此时可以选择室外的风替代空调实现功能，即让室外的风进入室内，通过风的流动降低人体温度。

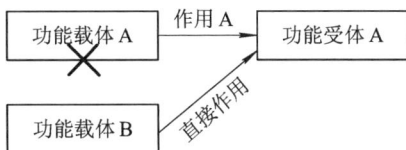

图 2-44 拥有执行功能所需的资源

练习 2.14：有用功能的替代

从身边某个熟悉的事物中寻找四种有用功能替代的案例。

2.5.5 剪裁模型

剪裁模型是所研究系统中去掉被剪裁组件之后的功能模型。如图 2-45 所示，这是一个残缺的功能模型，由于组件被剪裁，其有用功能无法执行，因此剪裁模型包含一系列需要进一步去解决的问题(剪裁问题)。

需要注意的是，剪裁不同的组件会产生不同的剪裁模型。

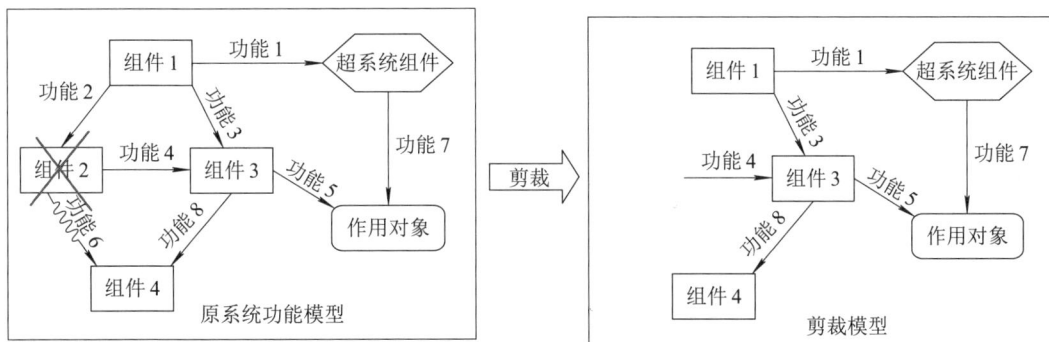

图 2-45 剪裁模型

2.5.6 剪裁问题

剪裁问题是指如何使剩余组件替代执行被剪裁组件有用功能的问题。针对每个被剪裁的组件，系统剩余组件和超系统组件都可能替代被剪裁组件的有用功能，因此每个剪裁模型可产生一系列的剪裁问题。剪裁问题列表如表 2-15 所示。需要注意的是，这些剪裁问题不一定都能得到解决。

表 2-15 剪裁问题列表

被剪裁的组件	功能	剪裁规则	新的功能载体	剪裁问题	替代方案

思考 2.4：某个组件能被剪裁的前提条件是什么？

如果被剪裁组件的某一个有用功能不能被替代，则该组件能否被剪裁？

2.5.7　剪裁的步骤

剪裁的步骤：

步骤 1：对所研究系统做功能分析，画出功能模型图；

步骤 2：按照项目的目标选择将要被剪裁的组件并确定剪裁规则；

步骤 3：选择被剪裁组件的一个有用功能；

步骤 4：描述剪裁之后用系统的剩余组件和超系统的组件替代时需要解决的问题，形成剪裁问题列表；

步骤 5：重复步骤 3 和 4，将被剪裁组件执行的所有有用功能全部替代一遍；

步骤 6：根据有用功能替代的四种情形对被剪裁组件的有用功能进行替代，产生替代方案；

步骤 7：判断被剪裁组件的所有有用功能是否都有替代方案，如果是则可以剪裁该组件，否则不能剪裁该组件；

步骤 8：重复步骤 2～7，将可能被剪裁的所有组件尝试一遍。

案例 2.13：眼镜问题的剪裁

步骤 1：在 2.2 节功能分析中对眼镜进行了功能分析，得到如图 2-24 所示的功能模型图。

步骤 2：根据功能缺陷表 2-7 中的"镜腿挤压人-耳""转轴限定镜腿功能不足""螺丝限定鼻托的功能不足""鼻托挤压人-鼻""镜片吸附异物"，以及眼镜组件价值列表中价值较低的镜框、镜腿，选择将要被剪裁的候选组件为镜框、镜腿、转轴、螺丝、鼻托、镜片。

将被剪裁的组件分为三组：镜腿+转轴、鼻托+螺丝、镜框+镜腿+转轴+鼻托+螺丝，分别描述剪裁的过程。

(1) 选择"镜腿+转轴"作为被剪裁组件。

此时适用剪裁规则 B：如果功能受体自身能够执行有用功能，则可以剪裁该有用功能的功能载体；也适用剪裁规则 C：如果另一个组件能够执行某功能载体的有用功能，则可以剪裁该功能载体。

步骤 3："镜腿+转轴"的有用功能是支撑镜框。将"镜腿+转轴"剪裁后得到剪裁模型，如图 2-46 所示。

剪裁"镜腿+转轴"后，需要利用系统的剩余组件和超系统的组件实现"镜腿+转轴"支撑镜框的功能。

步骤 4：描述剪裁之后用系统的剩余组件和超系统的组件替代时需要解决的问题，形成剪裁问题列表，如表 2-16 所示。

步骤 5：重复步骤 3 和 4，将被剪裁组件执行的所有有用功能全部替代一遍。

步骤 6：根据有用功能替代的四种情形对被剪裁组件的有用功能进行替代，产生替代方案。表 2-16 中未给出替代方案，由读者自行填写。

步骤 7：判断被剪裁组件的所有有用功能是否都有替代方案，如果都有则可以剪裁该组件，否则不能剪裁该组件。

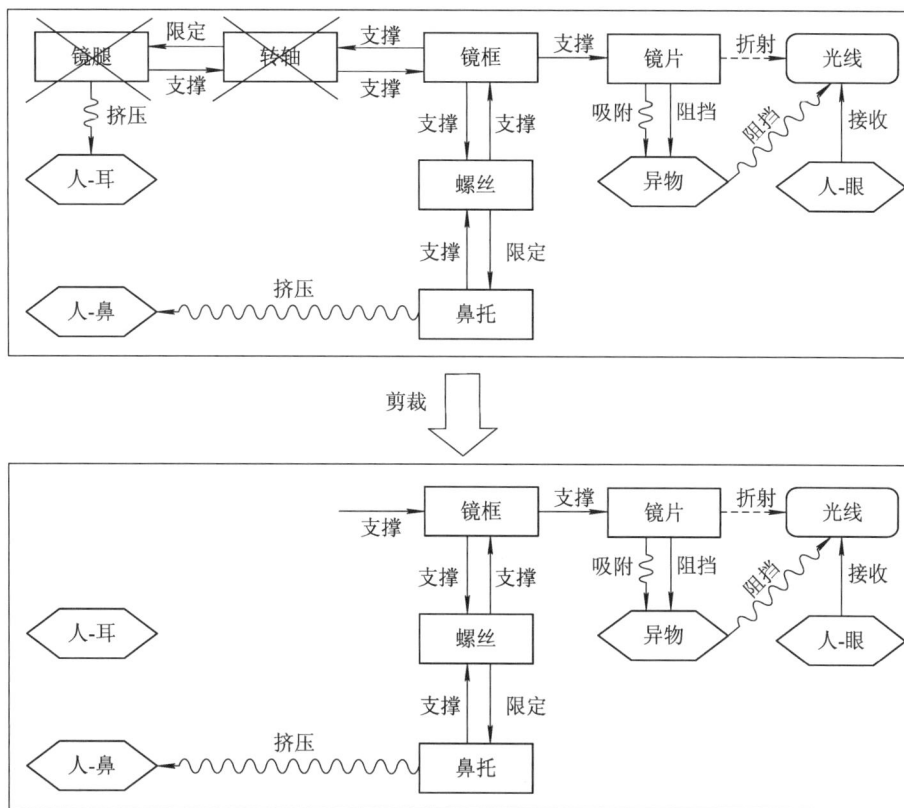

图 2-46　剪裁"镜腿 + 转轴"的剪裁模型

表 2-16　剪裁"镜腿 + 转轴"的剪裁问题列表

被剪裁的组件	功能	剪裁规则	新的功能载体	剪裁问题	替代方案
镜腿 + 转轴	支撑镜框	剪裁规则 C	镜片	如何使用镜片支撑镜框？	
		剪裁规则 B	镜框	如何使用镜框支撑镜框？	
		剪裁规则 C	鼻托	如何使用鼻托支撑镜框？	
		剪裁规则 C	螺丝	如何使用螺丝支撑镜框？	
		剪裁规则 C	人-眼	如何使用人-眼支撑镜框？	
		剪裁规则 C	人-鼻	如何使用人-鼻支撑镜框？	
		剪裁规则 C	人-耳	如何使用人-耳支撑镜框？	
		剪裁规则 C	异物	如何使用异物支撑镜框？	
		剪裁规则 C	空气	如何使用空气支撑镜框？	

(2) 选择"鼻托+螺丝"作为被剪裁组件。

此时适用剪裁规则 B：如果功能受体自身能够执行有用功能，则可以剪裁该有用功能的功能载体；也适用剪裁规则 C：如果另一个组件能够执行某功能载体的有用功能，则可以剪裁该功能载体。

步骤 3："鼻托+螺丝"的有用功能是支撑镜框。将"鼻托+螺丝"剪裁后得到剪裁模型，如图 2-47 所示。

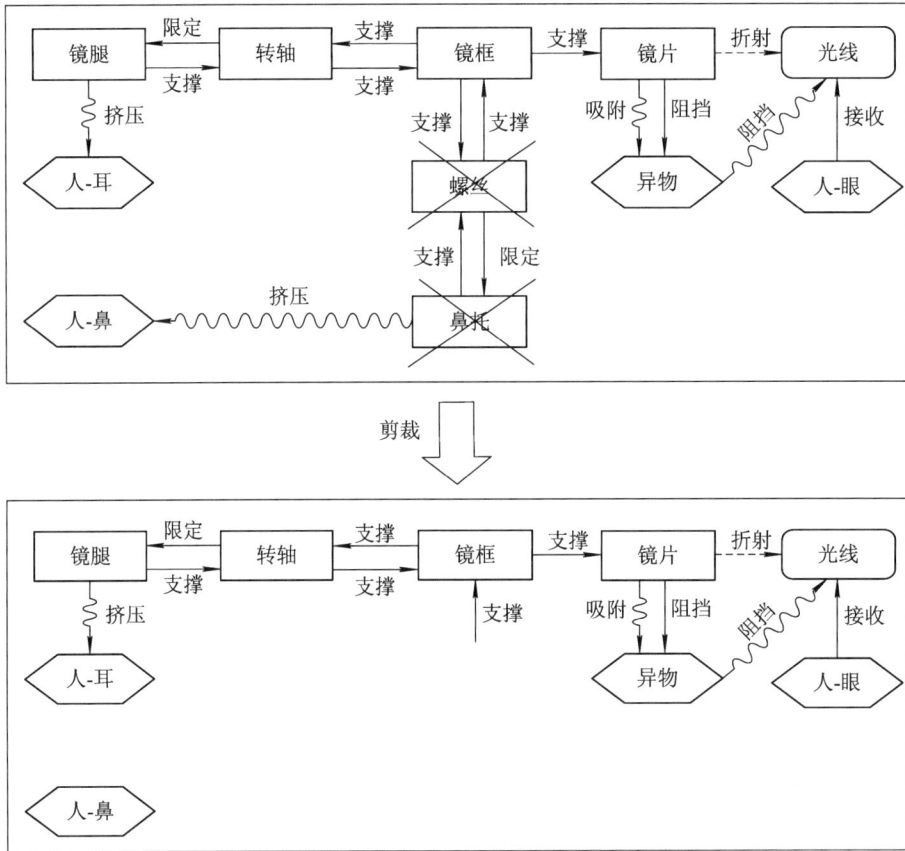

图 2-47 剪裁"鼻托 + 螺丝"的剪裁模型

剪裁"鼻托+螺丝"后，需要利用系统的剩余组件和超系统的组件实现"鼻托+螺丝"支撑镜框的功能。

步骤 4：描述剪裁之后用系统的剩余组件和超系统的组件替代时需要解决的问题，形成剪裁问题列表，如表 2-17 所示。

步骤 5：重复步骤 3 和 4，将被剪裁组件执行的所有有用功能全部替代一遍。

步骤 6：根据有用功能替代的四种情形对被剪裁组件的有用功能进行替代，产生替代方案。表 2-17 中未给出替代方案，由读者自行填写。

步骤 7：判断被剪裁组件的所有有用功能是否都有替代方案，如果都有则可以剪裁该组件，否则不能剪裁该组件。

表 2-17　剪裁"鼻托 + 螺丝"的剪裁问题列表

被剪裁的组件	功能	剪裁规则	新的功能载体	剪裁问题	替代方案
鼻托 + 螺丝	支撑镜框	剪裁规则 C	镜片	如何使用镜片支撑镜框？	
		剪裁规则 B	镜框	如何使用镜框支撑镜框？	
		剪裁规则 C	镜腿	如何使用鼻托支撑镜框？	
		剪裁规则 C	转轴	如何使用转轴支撑镜框？	
		剪裁规则 C	人-眼	如何使用人-眼支撑镜框？	
		剪裁规则 C	人-鼻	如何使用人-鼻支撑镜框？	
		剪裁规则 C	人-耳	如何使用人-耳支撑镜框？	
		剪裁规则 C	异物	如何使用异物支撑镜框？	
		剪裁规则 C	空气	如何使用空气支撑镜框？	

（3）选择"镜框＋镜腿＋转轴＋鼻托＋螺丝"作为被剪裁组件。

此时适用剪裁规则 C：如果另一个组件能够执行某功能载体的有用功能，则可以剪裁该功能载体。

步骤 3："镜框＋镜腿＋转轴＋鼻托＋螺丝"的有用功能是支撑镜片。将"镜框＋镜腿＋转轴＋鼻托＋螺丝"剪裁后得到剪裁模型，如图 2-48 所示。

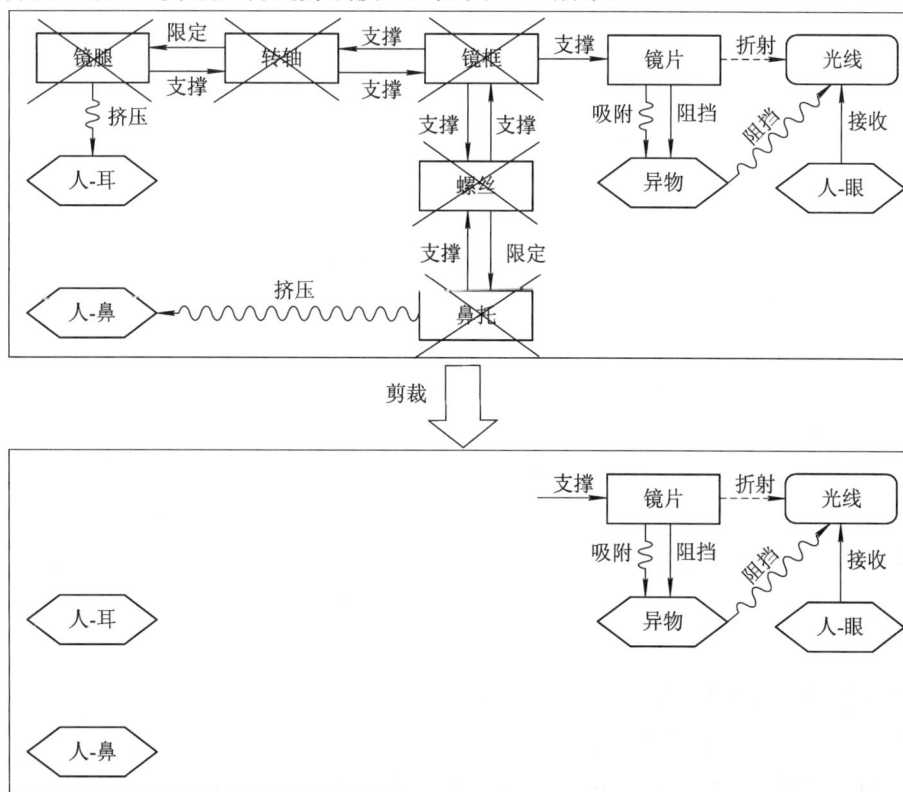

图 2-48　剪裁"镜框 + 镜腿 + 转轴 + 鼻托 + 螺丝"的剪裁模型

剪裁"镜框＋镜腿＋转轴＋鼻托＋螺丝"后，需要利用系统的剩余组件和超系统的组件实现"镜框＋镜腿＋转轴＋鼻托＋螺丝"的支撑镜片的功能。

步骤 4：描述剪裁之后用系统的剩余组件和超系统的组件替代时需要解决的问题，形成剪裁问题列表，如表 2-18 所示。

步骤 5：重复步骤 3 和 4，将被剪裁组件执行的所有有用功能全部替代一遍。

步骤 6：根据有用功能替代的四种情形对被剪裁组件的有用功能进行替代，产生替代方案。表 2-18 中未给出替代方案，由读者自行填写。

步骤 7：判断被剪裁组件的所有有用功能是否都有替代方案，如果都有则可以剪裁该组件，否则不能剪裁该组件。

表 2-18　剪裁"镜框＋镜腿＋转轴＋鼻托＋螺丝"的剪裁问题列表

被剪裁的组件	功能	剪裁规则	新的功能载体	剪裁问题	替代方案
镜框＋镜腿＋转轴＋鼻托＋螺丝	支撑镜片	剪裁规则 C	人-眼	如何使用人-眼支撑镜片？	
			人-鼻	如何使用人-鼻支撑镜片？	
			人-耳	如何使用人-耳支撑镜片？	
			异物	如何使用异物支撑镜片？	
			空气	如何使用空气支撑镜片？	

练习 2.15：剪裁模型与剪裁问题

对身边某个熟悉的物品做剪裁，列出剪裁模型和剪裁问题列表，例如以矿泉水瓶为例做剪裁。

2.6　本 章 小 结

本章讲述如何识别关键问题，首先确定问题所在系统，然后运用功能分析、因果链分析、剪裁等问题识别工具确定关键问题。

根据所要解决的问题来确定问题边界，即问题所在系统。确定问题边界有四个原则：根据时间范围或空间范围确定问题边界；根据系统出现问题时的状态确定问题边界；根据系统的物理层级与逻辑关系确定问题边界；要尽可能缩小问题的边界。确定问题边界有助于缩小问题所在的系统，排除不相关组件的干扰，降低分析问题与解决问题的复杂度。

功能分析是识别系统的组件及其超系统组件的功能与成本的一种分析工具，具体包括组件分析、相互作用分析、功能建模和价值分析四个步骤，其中价值分析是可选步骤。功能分析的输入是待研究的系统，输出是以表格表示的功能模型列表或以图形表示的功能模型图、有缺陷的功能列表、组件价值图。功能分析有助于快速了解所研究系统的组件及其超系统组件之间的功能与价值。2.3 节设置了组件分析、相互作用分析、功能模型列表、功能模型图、有缺陷的功能列表、组件价值列表、组件价值图共 7 个练习。

因果链分析是用于全面深度识别所研究系统缺点的工具。因果链是一种描绘缺点之间因果关系的图形模型。根据项目目标或对项目最开始遇到的问题连续做结果推导，确定初始缺点；从初始缺点开始，根据功能分析得到的功能缺陷信息，运用科学原理、咨询行业或领域专家、查阅文献等方法寻找下一层级缺点；根据终止条件确定末端缺点；将这些缺点按照因果顺序链接形成具有层级关系的因果链；在因果链中选择关键缺点并将关键缺点转化为关键问题；根据关键问题寻找可能的解决方案及其约束条件。因果链分析的输入是初始缺点，输出是因果链、关键问题与可能的解决方案列表。因果链分析是一个问题转换工具，可以将难以解决的初始问题转换为一系列的具有因果关系的缺点，从中选择容易解决的关键缺点。2.4 节设置了确定初始缺点、构建因果链、选择关键缺点、关键缺点转化为关键问题、关键问题与可能的解决方案共 5 个练习。

剪裁是采用去除系统内的某些组件并用剩余的系统组件或超系统组件替代被去除组件的有用功能的方式转换问题、改进系统的工具。根据功能分析中得到的功能缺陷列表、价值列表或由因果链分析得到的关键缺点列表或其他情形选择被剪裁的组件，使用剪裁规则构建剪裁模型，列出剪裁之后用其他组件替代时需要解决的一系列剪裁问题，得到剪裁问题列表。剪裁的输入是功能模型图，输出是剪裁模型和剪裁问题列表。2.5 节设置了剪裁规则、有用功能的替代、剪裁模型与剪裁问题共 3 个练习。

本章的基本学习要点如下：

(1) 掌握系统的定义，区别系统、超系统、子系统；

(2) 掌握组件的定义，区别系统组件、超系统组件及组件的层级；

(3) 掌握功能的定义和表达，区别日常用语与功能语言；

(4) 掌握根据问题范围确定系统的方法；

(5) 掌握功能分析的概念；

(6) 熟悉组件分析的方法；

(7) 熟悉相互作用分析的方法；

(8) 掌握功能的分类方法，熟悉绘制功能建模列表和功能模型图的方法；

(9) 熟悉组件价值的计算方法和增加组件价值的方法；

(10) 掌握因果链概念；

(11) 掌握缺点的类型及各缺点的概念；

(12) 熟悉确定初始缺点的方法；

(13) 熟悉寻找直接缺点的方法；

(14) 熟悉判断末端缺点的方法；

(15) 熟悉选择关键缺点的方法；

(16) 熟悉构建因果链的方法；

(17) 熟悉构建关键问题列表的方法；

(18) 掌握剪裁的概念；

(19) 熟悉选择被剪裁的组件的方法；

(20) 掌握剪裁的三种规则；

(21) 掌握有用功能替代的四种情形；

(22) 掌握剪裁模型和剪裁问题的概念；

(23) 熟悉剪裁的步骤。

第 3 章　运用创新原理解题

3.1　概　　述

本章讲述如何运用创新原理对关键问题进行求解，具体包括创新原理、技术矛盾与矛盾矩阵、物理矛盾与分离原理等问题解决工具和资源分析、理想最终解等辅助工具。如图 3-1 所示为运用创新原理解决关键问题的流程。

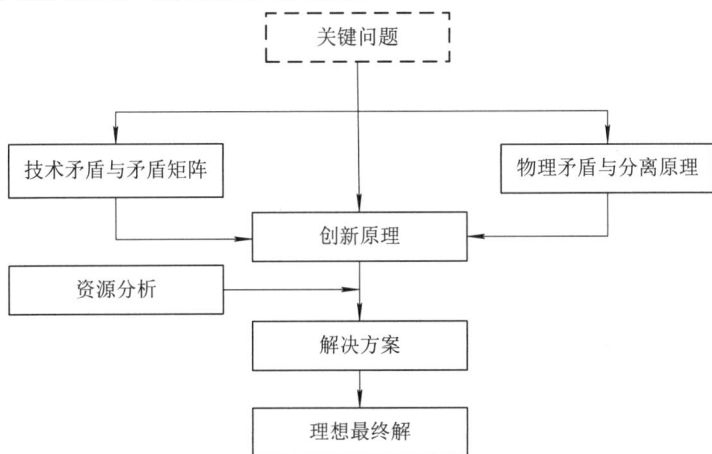

图 3-1　运用创新原理解决关键问题的流程

3.2　创　新　原　理

3.2.1　40 个创新原理

1946 年 TRIZ 创始人根里奇·阿奇舒勒对当时的发明专利进行归纳与总结时发现，全世界的发明专利中只有少数的发明专利才是真正的创新，许多发明专利中所使用的解决方案其实已经在其他领域中出现并被应用过。在不同的技术领域，类似的问题和相同的解决方案不断反复出现。最终他总结出了 40 个创新原理。

40 个创新原理的意义在于，尽管不同领域的解决方案千差万别，但其所使用的原理是类似的。各行各业的问题是无穷无尽的，但是解决问题的创新原理是有限的。也就是说，人们可以用有限的创新原理去求解各行各业无限的问题。

40 个创新原理如表 3-1 所示。

表 3-1   40 个创新原理

编号	创新原理	编号	创新原理	编号	创新原理	编号	创新原理
1	分割	11	事先防范	21	急速作用	31	多孔材料
2	抽取	12	等势	22	变害为利	32	改变颜色
3	局部特性	13	反向作用	23	反馈	33	同质性
4	非对称	14	曲面化	24	中介物	34	抛弃或再生
5	组合	15	动态特性	25	自服务	35	物理/化学状态变化
6	多用性	16	不足或超额行动	26	复制	36	相变
7	嵌套	17	空间维数变化	27	廉价替代	37	热膨胀
8	重力补偿	18	机械振动	28	机械系统替代	38	强氧化
9	预先反作用	19	周期性作用	29	气压和液压结构	39	惰性环境
10	预先作用	20	有效作用的连续性	30	柔性壳体或薄膜	40	复合材料

3.2.2　创新原理详解

创新原理 1. 分割

分割是指将大的分成小的，分为三个子创新原理：

(1) 把一个物体分成多个相互独立的部分。例如：

- 为提升燃油车的发动机性能，将一个大的气缸分割为多个小的气缸。
- 为防止红绿灯故障，将整个大灯分割为由多个小灯组成的大灯。
- 将商场分为餐饮区、休闲娱乐区、购物区。

(2) 将一个物体分成多个容易拆卸或组装的部分。例如：

- 为便于大型家具、货柜的搬运，将其制作成多个容易拆卸和组装的部分。
- 在设计复杂网络协议时，将网络模型分为多个层次，每个层次都执行简单的功能。
- 装配式建筑时将建筑分为多个预制构件，预制好的构件运到工地后即可装配安装。

(3) 增加物体分割的程度。例如：

- 在已经对商品进行分类的基础上，进一步将其细分成更多的小类。
- 为寻找创业机会，在对行业已经划分的基础上，进一步细分。
- 将已经分类的客户群体再细分，实现更精准的营销。

创新原理 2. 抽取

抽取是指取出部分或属性，分为两个子创新原理：

(1) 从物体中抽取有负面影响的部分或属性。例如：

- 通信信号中有许多噪声，通常采用滤波器把噪声过滤掉。
- 为阻止疫情的扩散，将已感染人员送到隔离点进行隔离治疗。

- 为避免吸烟对公共区域的影响，将吸烟人员安排到专门的吸烟区域。

(2) 从物体中抽出必要的部分或属性。例如：

- 为备战体育赛事，选拔具有运动特长的人员进行训练。
- 从开采出的矿石中提取出黄金。
- 美图软件将 Photoshop 软件的部分重要功能提取出来，简化操作。

创新原理 3. 局部特性

局部特性是指局部不同于整体的特性，分为四个子创新原理：

(1) 让物体的某一部分增强或减弱。例如：

- 会议室开着空调，大部分人觉得温度合适，小部分人觉得冷就添加衣服。
- 手机厂家将现有手机的某些功能进行改进，开发适合老年人使用的手机。
- 针对北方寒冬，自来水表生产厂家在现有防冻水表产品上加强防冻功能。

(2) 让物体的不同部分具有不同的功能。例如：

- 手机由许多模块共同组成，每个模块执行不同的功能。
- 冰箱的冷藏区用于恒温保鲜蔬菜瓜果，冷冻区用于冷冻保存海鲜肉类。
- 智能家居的红外控制模块用于短距离控制，远程控制模块用于接收无线控制信号。

(3) 将均匀结构变为部分不均匀结构。例如：

- 塑料瓶的瓶口需要做得比瓶身更厚，以增强结构强度，保证密封性。
- 为使折射趋中，制作化学特性不均匀的光纤(具有不同折射率)。
- 晶体定向生长时，用温度梯度代替恒定不变的温度，以得到高质量晶体。

(4) 让物体的各个部分处于完成各自功能的最佳状态且相互配合，整体达到最佳状态。例如：

- 将饭盒内部结构设计为不同大小的空间，用以盛装不同的食物，以达到合适的空间占比。
- 饭店上菜时，厨师、传菜员相互配合，达到最佳效率。
- 一台手术需要主刀医生、助手、麻醉医生、器械护士、巡回护士等密切配合完成。

创新原理 4. 非对称

非对称分为两个子创新原理：

(1) 用非对称形式代替对称形式。例如：

- 将对称的剪刀做成不对称的样式，拿握时不易掉落。
- 为区分发光二极管的正负极，将其引脚做成一长一短。
- 为遏制电力浪费，采用根据用电量梯度计算电价的计费方法。

(2) 增加物体的不对称性。例如：

- 增加家具部件组合处的不对称度，提高组装时的可识别度。
- 根据水流分布来设计桥孔的大小，水流越大的地方孔越大，水流越小的地方孔越小。
- 根据电子产品各元件的产热量，不对称放置散热器件，产热量越大的区域放置的散热器件越多。

创新原理 5. 组合

组合分为三个子创新原理：

(1) 在空间上将相同、相近或互为辅助的对象组合在一起。例如:

- 商住楼是将购物商场和住房组合在一起,楼上是住房,楼下是商场。
- 将高铁站、地铁站、公交车站、出租车站组合在一起,出行更便捷。
- 将扫描、复印、打印功能组合在一起,组成多功能打印机。

(2) 在时间上将相同、相近或互为辅助的对象组合在一起。例如:

- 计算机在扫描病毒的同时完成杀毒、复制文件等功能。
- 将相机和录音机组合在一起,同时录制画面和声音。
- 8086 系统的计算机并行读取指令、执行指令。

(3) 在逻辑上将相关联的对象组合在一起。例如:

- 将显示器、主机、键盘、鼠标组合成笔记本电脑。
- 水陆两用汽车将车与船的双重性能组合在一起。
- 将不同角色的人组成一个团队,比如谈判桌上有人唱红脸、有人唱黑脸。

创新原理 6. 多用性

多用性是指具有多个用途或功能。例如:

- 招聘员工时,希望录用"多面手",一个人可以执行多种工作。
- 瑞士军刀具有很多用途。
- 智能手机具有打电话、发短信、照相、录音、玩游戏等功能。

创新原理 7. 嵌套

嵌套就是一层套一层,分为两个子创新原理:

(1) 将第一个物体嵌入第二个物体,然后将这两个物体一起嵌入第三个物体,以此类推。例如:

- 俄罗斯套娃。
- 超市的手推车一个套一个地放置。
- 折叠伞的伞杆,第一节收入第二节,然后再一并收入第三节。

(2) 使一个物体穿过另一个物体的空腔。例如:

- 卷尺。
- 汽车安全带的收缩结构。
- 可伸缩水龙头,可以将水龙头伸长一定的距离,使用完毕后收回。

创新原理 8. 重力补偿

重力补偿就是用一个力抵消重力,分为两个子创新原理:

(1) 将某物体与能提供升力的物体结合,以补偿其重量。例如:

- 游泳时戴上游泳圈以浮在水面上。
- 乘客坐飞机或热气球升上天空。
- 用直升机为灾区吊运大型机械。

(2) 通过与环境介质(例如利用空气动力、流体动力、浮力、弹力等) 的相互作用实现重力补偿。例如:

- 火箭升空时,尾部产生大量气体,使火箭在前进方向上获得一个推力。

- 磁悬浮列车利用磁的吸引力和排斥力使列车在悬浮轨道上运行。
- 飞机机翼的特定形状利用空气动力提供一定升力。

创新原理 9. 预先反作用

预先反作用就是预先施加反作用，分为两个子创新原理：

(1) 在正式作用前，实施一个相反的作用，以抵消正式作用产生的过度影响。例如：

- 疫苗的作用原理。
- 为防止喝得烂醉，在喝酒之前先吃解酒药。
- 为防止下坡路段车速过快，在下坡之前的路段设置减速带。

(2) 如果需要某种相互作用，事先施加反作用。例如：

- 欲擒故纵。
- 在浇筑水泥之前对钢筋进行反向预压处理。
- 为让水凉得更快，将水加热后再放到冰箱。

创新原理 10. 预先作用

预先作用就是预处理或预先施加作用，分为三个子创新原理：

(1) 预先对物体施加一个与正式作用相同或类似的作用，以提高正式作用的效率。例如：

- 制作邮票时，在邮票边缘打线孔，便于使用时撕开。
- 为使食材入味，在烹饪前腌制食物。
- 洗衣服时，将衣物先放进溶有洗衣粉的温水中泡一泡，再放入洗衣机清洗。

(2) 预先对物体施加一个与正式作用不相关(不相关≠相反) 的作用，以提高正式作用的效率。例如：

- 打草惊蛇。
- 打豆浆时预先加热豆子。
- 正式比赛前进行热身运动。

(3) 预先设置好，以便直接发挥作用而不浪费操作时间。例如：

- 电脑的快捷键。
- 汽车预先安装 ETC 装置。
- 在停车场安装预付费系统。

创新原理 11. 事先防范

事先防范就是提前针对可能出现的紧急情况准备好预防措施。例如：

- 给汽车安装安全气囊。
- 在船上放置救生圈。
- 在图书馆藏书中装防盗磁条。

创新原理 12. 等势

等势就是势场相等或相似，分为两个子创新原理：

(1) 通过上升或下降，使两个物体处于同一等势面。例如：

- 叉车。

- 电梯运送货物。
- 利用船闸系统调整水位差，使船只顺利通过水坝。

(2) 改变操作环境，使物体处于相近或相同等势面。例如：

- 在电子线路设计中，避免电势差大的线路相邻。
- 火车车厢出口处和站台之间高低不平，在车厢出口处设置一个水平连接板。
- 为避免修车时维修工爬到车底，修车厂设置维修汽车的地槽。

创新原理 13. 反向作用

反向作用就是实施一个相反的作用，分为三个子创新原理：

(1) 用相反的动作代替情境中规定的动作。例如：

- 外卖。
- 抽油烟机，将吹走油烟改成将油烟吸到一起。
- 电影中将破碎物品还原的场面，是将物体打碎的视频倒着播放。

(2) 让物体或环境可动的部分不动，不动的部分可动。例如：

- 跑步机。
- 手扶电梯。
- 流水线工作，工人不动，加工件动。

(3) 让物体上下颠倒或内外颠倒。例如：

- 将洗发水设计成开口朝下的包装，便于倒出。
- 新型饮水机的水桶在下，接水口在上，方便更换水桶。
- 反方向雨伞，收伞时挡雨的一面收纳在内，避免伞上雨水溅到身上。

创新原理 14. 曲面化

曲面化是指变直为曲，分为三个子创新原理：

(1) 将直线、平面、立方体改为曲线、曲面、曲面体结构。例如：

- 圆形井盖比方形井盖受力更均匀、更结实。
- 将桌子的尖角改为圆角防止撞伤。
- 将手机的方正边角改为圆弧边角，贴合手掌形状，增加握持稳定性。

(2) 使用滚筒、球体、螺旋等结构。例如：

- 阿基米德螺旋泵通过螺杆的连续转动将液体以螺旋方式提升。
- 螺旋停车场，在有限的面积上停更多的车。
- 采用螺旋叶片输送黏度较大和可压缩性物料。

(3) 利用离心力，将直线运动改为旋转运动。例如：

- 废水处理时利用离心沉降净化废水。
- 用离心浇筑技术浇筑出的金属零件密实、均匀、无气泡。
- 体育运动中利用旋转的方式扔链球、扔铁饼，使链球、铁饼产生一定的加速度。

创新原理 15. 动态特性

动态特性是指动态化，分为三个子创新原理：

(1) 如果一个物体是静止的，使之移动或者可动。例如：

- 带滑轮的桌子和椅子。

- 便携式 WiFi。
- 可升降的停车位。

(2) 使一个物体的一部分可以改变相对位置。例如：

- 可摇头的风扇。
- 可调节角度的台灯。
- 可折叠的椅子。

(3) 调节物体或环境的性能，使其在工作阶段达到最佳性能。例如：

- 可调节松紧的帽子。
- 可调节高度的自行车座椅。
- 飞机可动襟翼。

创新原理 16. 不足或超额行动

不足或超额行动是指如果所期望的效果难以百分之百实现，那么可以先稍微超过或者稍微小于期望效果，以使问题简化，然后再调整到位。例如：

- 填补地板砖的缝隙时，先在缝隙涂抹较多填充物，再打磨平整。
- 称糖果时，很难一次性称出想要的重量，先抓一把糖果称量，再添加或减少。
- 矫枉必须过正，然后再调整。

创新原理 17. 空间维数变化

空间维数变化是指维数增加或减少，分为四个子创新原理：

(1) 将物体从一维变到二维或多维。例如：

- 莫比乌斯环。
- 为提高通行效率，将十字路口改为立交桥。
- 对一个人进行多方面的描述。

(2) 单层结构变为多层结构。例如：

- 双层巴士。
- 立体停车场。
- 多层文件收纳架。

(3) 将物体倾斜或侧向放置。例如：

- 为防止遗忘身份证，将自动取票机放置身份证的位置设计为倾斜的。
- 混凝土搅拌车的搅拌罐倾斜放置，易于搅拌。
- 在两个高低不同的平面之间放置一个木板，使之变成斜面以便推车通过。

(4) 使用给定面的另一面。例如：

- 两面穿的衣服。
- 双面胶。
- 双面打印。

创新原理 18. 机械振动

机械振动是指物体在其平衡位置附近有规律的运动，分为五个子创新原理：

(1) 使物体处于振动状态。例如：

- 电动牙刷。

- 筋膜枪。
- 振动筛。

(2) 对处于振动状态的物体增加振动的频率。例如：

- 洗牙超声波设备先用低频率大范围清洁，再提高频率改善清洁效果。
- 为加快输送速度，提高振动送料机的振动频率。
- 增加筋膜枪的振动频率使其有更多挡位可以选择，以适合身体的不同部分。

(3) 利用物体的共振频率。例如：

- 利用超声波击碎结石。
- 收音机利用与广播电视台的频率产生共振，接收广播信号。
- 共振消声器通过共振吸收噪声。

(4) 用压电振动代替机械振动。例如：

- 压电嗡鸣器。
- 压电陶瓷传感器。
- 高精度时钟使用的石英振动机芯。

(5) 超声波振动与电磁场耦合。例如：

- 利用声场和磁场活化水。
- 利用声场和磁场来清除空气中的灰尘。
- 在电熔炉混合金属时，同时使用超声波振动和电磁场，使金属混合均匀。

创新原理 19. 周期性作用

周期性作用是指反复循环作用，分为三个子创新原理：

(1) 用周期性动作或脉冲动作代替连续动作。例如：

- 高速行驶的车辆，刹车时用周期性的点刹代替持续踩刹。
- 将警车鸣笛声改为周期性鸣叫，避免产生刺耳的声音。
- 周期性间断使用冲击电钻代替持续性使用冲击电钻，防止烧坏电机。

(2) 如果周期性运动正在进行，改变其运动频率。例如：

- 为降低风险，将宿舍违章电器月度检查改为每周检查一次。
- 电磁波是周期性的波，通过调制不同频率实现不同信号的传输。
- 均衡器通过调整不同频率的电平改变声音的音色和音量。

(3) 在周期中利用暂停来执行另一有用动作。例如：

- 潮汐车道。
- 医用呼吸机系统，每 5 次胸廓运动进行 1 次心肺呼吸。
- 8086 CPU 中的中断指令。

创新原理 20. 有效作用的连续性

有效作用的连续性是指持续不断地发生作用，分为两个子创新原理：

(1) 持续运转，使物体能同时满载工作。例如：

- 24 小时营业的便利店、无人售卖机。
- 倒班制度，让机器不断运转，保证生产的连续性。
- 智能语音客服，24 小时随时都可以为客户办理业务。

(2) 消除空闲的、间歇的行动或工作。例如：

- 餐饮店白天卖快餐，晚上卖夜宵。
- 通过自动下移回程时的打印位置，使打印机在回程过程中也能打印。
- 新能源汽车减速或刹车时给电池充电(动能回收)。

创新原理 21. 急速作用

急速作用是指快速执行危险或有害的作业，例如：

- 撕创可贴时，慢慢撕开会很痛，快速撕开则不会那么痛。
- 快速冷冻鱼虾可以减少鱼肉细胞损坏，保持口感。
- 快速切割塑料，在材料内部的热量发散之前完成切割，避免变形。

创新原理 22. 变害为利

变害为利分为三个子创新原理：

(1) 利用有害因素，得到有益结果。例如：

- 冬天时，利用汽车发动机散发的热量取暖。
- 燃烧垃圾发电，燃烧后的残渣作为肥料。
- 利用煤矿瓦斯发电的技术不仅可以增加洁净能源的供应，还可以减少温室气体排放。

(2) 将两种有害物质中和进而消除有害作用(以毒攻毒)。例如：

- 中医的以毒攻毒治疗法，比如拿蛇毒制成的药剂治疗毒蛇咬伤。
- 农业中用红蚂蚁围歼蔗螟，以虫克虫。
- 酸碱中和反应。

(3) 加大有害因素的幅度直至有害性消失。例如：

- 在泄洪区，将洪水引流到广阔的农田，变成灌溉农田的水源。
- 发生火灾时以火灭火，烧掉一部分植物，形成灭火隔离带。
- 利用爆炸来扑灭油井大火。

创新原理 23. 反馈

反馈是指将输出返回到输入端，分为两个子创新原理：

(1) 在系统中引入反馈。例如：

- 消费后对顾客进行满意状况调查。
- 上完课后，老师通过与学生交流，了解学生对知识的掌握情况。
- 自动驾驶系统中车辆传感器将采集的车辆周围数据反馈给控制系统。

(2) 如果已经引入反馈，改变其大小和作用。例如：

- 根据客户满意状况改进商品的质量。
- 手机根据接收到的基站的信号强度调整发射功率。
- 根据产品的市场销售情况调整其产量。

创新原理 24. 中介物

中介物是指第三方，分为两个子创新原理：

(1) 使用中介实现所需动作。例如：

- 使用扳手拧螺丝。

- 使用拨片弹吉他。
- 网上购物时，商家和顾客之间通过快递员实现物品的递送。

(2) 把一个物体与另一容易去除的物体临时结合。例如：

- 戴上隔热手套拿烫的东西。
- 出事故时用警戒线封锁现场。
- 失蜡铸造法中的蜡模。

创新原理 25. 自服务

自服务是指为自身提供服务，分为两个子创新原理：

(1) 物体具有自补充和自我恢复功能。例如：

- 不倒翁。
- 太阳能路灯晚上释放电能，白天吸收太阳能补充电能。
- 酒精灯里的棉线不断吸收酒精灯中的酒精，酒精灯保持燃烧。

(2) 利用自身废弃的资源、能量或物质。例如：

- 电瓶车下坡时利用势差产生的动能充电。
- 农作物枯萎后倒伏在地上，被微生物分解后成为下一季庄稼的肥料。
- 新能源汽车制动时，动能回收系统回收能量。

创新原理 26. 复制

复制就是制作副本，分为四个子创新原理：

(1) 用副本替代原物(原物难以获得或不便移动)。例如：

- 展览中，用赝品代替名贵的画。
- 售楼部摆放建筑物模型代替真实的楼房给看房的顾客。
- 手机卖场摆放手机的模型机。

(2) 用光学复制品(图像)代替事物。例如：

- 用器官的光学图像或射线图像代替人体解剖观察人体器官。
- 用太空遥测摄影代替实地勘探。
- 全息投影、AR 虚拟现实技术。

(3) 如果已经使用了光学复制品，进一步扩展到用红外线或紫外线复制品代替事物。
例如：

- 通过紫外线成像技术检测高压输变电设备的故障位置。
- 用红外热成像检测森林火灾。
- 用短波红外成像检测水果/粮食内部是否腐坏。

(4) 用数字模拟代替实物。例如：

- 用电脑仿真核爆实验。
- 模拟飞行软件依据飞行中所遇到的各种元素进行仿真模拟。
- 3D 建模。

创新原理 27. 廉价替代

廉价替代是指(经济上)用廉价的物品代替昂贵的物品。例如：

- 使用一次性用品。

- 用塑料机芯的电子表代替昂贵的机械表。
- 用工业钻石代替天然钻石。

创新原理 28. 机械系统替代

机械系统替代是指用其他场替代机械场，分为四个子创新原理：

(1) 用感官刺激的方法(光、声、热、嗅觉系统)代替机械系统，或者用机械系统代替上述系统。例如：

- 用声学栅栏(动物可听见的声学信号)代替实际的栅栏。
- 将机械洗衣改为超声波洗衣或电离除菌洗衣。
- 在天然气中添加难闻的气味以告知用户泄漏。

(2) 使用电场、磁场、电磁场(原本的机械系统存在摩擦大、易损等劣势)。例如：

- 电动车代替自行车。
- 用电磁搅拌代替机械搅拌。
- 红外感应。

(3) 场的替代：用运动场代替静止场，用时变场代替恒定场，用结构化场代替非结构化场。例如：

- 用磁感应水表代替机械水表。
- 用超声波水表代替磁感应水表。
- 用定向天线代替全向天线。

(4) 将场和铁磁粒子组合使用。例如：

- 手表中含铁的零件会受到磁场的干扰而导致计时不准确，可以将手表在未受磁的铁环中穿来穿去来消磁。
- 磁化整理指利用磁性物体在磁场中的顺磁性来整理紊乱的物体。
- 利用磁性颗粒在时变场中运动产生的紊流来提高热交换效率。

创新原理 29. 气压和液压结构

气压和液压结构具体为用气态或液态部件代替固体部件。例如：

- 汽车的安全气囊。
- 保鲜食品的干冰。
- 液压千斤顶。

创新原理 30. 柔性壳体或薄膜

柔性壳体或薄膜分为两个子创新原理：

(1) 使用柔性壳体或薄膜代替传统结构。例如：

- 用尼龙布面简易衣柜代替木质衣柜。
- 供儿童玩乐的充气城堡。
- 用隐形眼镜代替玻璃眼镜。

(2) 用柔性外壳或薄膜将物体和环境隔离开来。例如：

- 将未吃完的食物放入冰箱时，用保鲜膜将食物包裹起来。
- 农业中用塑料大棚种植农作物。

- 漂流时使用手机防水袋。

创新原理 31. 多孔材料

多孔材料是指孔状结构的材料，分为四个子创新原理：

(1) 使物体变为多孔结构。例如：

- 蜂窝煤是在圆柱形煤球内打上一些孔，增大煤的表面积，使煤充分燃烧。
- 将墙体的保温隔热层做成蜂窝多孔结构，轻便且效果更佳。
- 将催化剂做成多孔状，增加接触面积。

(2) 加入多孔材料。例如：

- 为增强抹布的吸水性，在制作抹布的材料中加入海绵。
- 在水中加入活性炭吸附杂质。
- 在风力发电机叶片中填充泡沫塑料，既能保持稳定性，又能减小叶片质量。

(3) 加入能够形成多孔的物质。例如：

- 为使面包、馒头的口感更好，加入酵母使其内部发酵成疏松多孔状。
- 在聚丙乙烯中加入发泡添加剂，高温下可形成微细闭孔结构的泡沫塑料。
- 在制造陶瓷的过程中加入特殊添加剂形成多孔陶瓷。

(4) 如果物体是多孔结构，在小孔中预先引入某种物质。例如：

- 在泡沫的缝隙中混入水泥制作成轻制砖。
- 用海绵储存液态氮。
- 在多孔的面膜纸中加入护肤精华做成面膜。

创新原理 32. 改变颜色

改变颜色是指利用颜色实现某种功能(可视性)，分为四个子创新原理：

(1) 改变物体或环境的颜色。例如：

- 发布天气信息时，采用不同颜色表示不同的气温。
- 不同的场合采用不同的主色调，比如医院用白色，婚礼用红色，葬礼用黑色。
- 因为白色反射光线强，为减少对眼睛的刺激，将白纸改为微黄的纸。

(2) 改变物体或环境的透明度或可视性。例如：

- 变色龙根据环境的颜色改变其皮肤的颜色。
- 将办公室的透明玻璃改为毛玻璃，既保证隐私又不影响采光。
- 化学实验中，用棕色瓶装见光易分解的化学试剂。

(3) 添加有颜色的添加剂或发光物质，有助于观察到不易观察的物体或过程。例如：

- 观察细胞结构时，添加不同的染色剂使细胞的不同结构染上不同颜色，便于观察。
- 用甲醛检测液检测甲醛时，采用不同颜色表示不同的甲醛浓度。
- 为追踪水流，在水流中加入有色物质。

(4) 若已经使用了添加剂，可增加其发光特性以提高可视性。例如：

- 用紫外线的荧光效应辨别伪钞。
- 在无损检测中，利用荧光探伤法检测工件表面的缺陷。
- 用荧光染料标记细胞和组织以便观察和分析特定结构和过程。

创新原理 33. 同质性

同质性是指同样的材料或性质，具体为将相关联的物体用同一材料或特性相近的材料制成。例如：

- 手术缝合伤口时，采用人体可吸收的羊肠线。
- 药用胶囊的外壳采用可食用材料。
- 在 IT 系统中，尽量采用相同系列的软件，这样可使兼容性更好，也便于后期的维护。

创新原理 34. 抛弃或再生

抛弃是指抛弃无用的，再生是指重新生成，分为三个子创新原理：

(1) 抛弃或改变物体中已经完成其功能或无用的部分。例如：

- 建造大楼时的脚手架用完后拆掉。
- 飞机的副油箱，使用过后在必要的时候将其扔掉，以增加飞机的灵活性。
- 火箭点火起飞后，吸震的泡沫保护结构在高温下逐步挥发。

(2) 在工作过程中补充消耗的部分。例如：

- 在传输运送腐蚀液体的管道中，定期补充附着在管壁上的耐腐蚀物质。
- 钻头的自锐效应是指钻头磨钝后，摩擦阻力增大，使得表层钝的部分脱落，重新露出锋利的刀刃。
- 供应自助餐时，及时补充吃完的菜品。

(3) 在抛弃的过程中再生使用(变废为宝)。例如：

- 废品回收再利用。
- 将金属材料经机械加工后产生的废料熔炼成型后重新成为金属材料。
- 将不需要的书籍捐献给图书馆。

创新原理 35. 物理/化学状态变化

物理/化学状态变化是指物体的状态和参数的变化，分为五个子创新原理：

(1) 改变物体的聚集状态(在气态、固态、液态之间转换)。例如：

- 在灭火器中的二氧化碳是液体的，喷出时由液体转变成气体。
- 公共卫生间将香皂改为洗手液，减少人与人之间的间接接触，更卫生。
- 将氧气、氮气、石油气从气态转换成液态进行运输，以减小运输体积和成本。

(2) 改变浓度、密度或黏度。例如：

- 改变果树的种植密度可以提高产量。
- 压缩饼干。
- 铺设道路时，通过改变温度来改变沥青的黏度，以方便工程的实施。

(3) 改变柔性程度。例如：

- 揉面时，加水会使面团变得柔软一些。
- 制作牛轧糖时，通过改变加热时间来改变牛轧糖的柔软程度。
- 在橡胶中掺入硫化物，以提高橡胶的硬度。

(4) 改变温度或体积。例如：

- 冷却灭火法就是用水或二氧化碳冷却燃烧的物体，使其温度低于燃点。
- 冰箱通过不同的温度冷冻或冷藏食品。
- 压缩袋通过抽干空气，使棉被、衣物的存储体积尽量小。

(5) 改变压力。例如：

- 罐头打不开时倒过来拍打底部，使内部压强增大，就容易打开了。
- 制作爆米花时，先加热装有玉米粒的容器，使玉米粒内外压力都很大，打开容器的瞬间外部压力变为常压，内部压力大于外部压力，玉米粒迅速膨胀形成爆米花。
- 高压锅通过增加内部压力来提升水的沸点，以加快炖煮食物的速度。

创新原理 36. 相变

相变原理指物体的化学性质相同，但是物理性质发生变化的过程。该原理利用的是物体相变时产生的某种效应(如体积改变、吸热或者放热)。例如：

- 液氢变为氢气时，会吸收周围的热量，因此将液氢作为生物实验中的冷冻剂。
- 灌装矿泉水时，将干冰放到瓶中，待干冰变成气体后矿泉水瓶因充满气体而坚硬。
- 修地铁挖土时，为了防止泥土中的水渗出，挖土前先将泥土冰冻。

创新原理 37. 热膨胀

热膨胀分为两个子创新原理：

(1) 利用热膨胀或热收缩的材料。例如：

- 金属瓶盖的玻璃罐头打不开时，用热毛巾包裹盖子，盖子受热膨胀后就容易打开。
- 水银温度计。
- 装配金属双环时，使内环冷却收缩、外环升温膨胀，恢复常温后，内外环就套紧了。

(2) 组合使用具有不同膨胀系数的材料。例如：

- 开水烫过的西红柿更容易去皮，因为西红柿外皮热膨胀系数小，西红柿果肉热膨胀系数大，受热后果肉把果皮撑开了。
- 煮好的鸡蛋放入冷水中浸泡一下更容易剥开，因为蛋白和蛋黄的膨胀系数不同，煮熟的鸡蛋浸入冷水后蛋壳急剧收缩，蛋白收缩程度较小，容易分离蛋白和蛋壳。
- 热敏开关使用两块粘在一起且热膨胀系数不同的金属片，当温度改变时两块金属片会发生不同程度的弯曲，从而实现开关功能。

创新原理 38. 强氧化

强氧化是与氧气相关的，分为四个子创新原理：

(1) 使用富氧空气代替普通空气。例如：

- 卖鱼的商贩常用空气泵将空气压入水中，增加水中的氧气含量。
- 水下呼吸器中储存有浓缩空气，以保持长久呼吸。
- 高压氧舱。

(2) 用纯氧代替富氧空气。例如：

- 高压纯氧灭菌。
- 纯氧炼钢，效率更高。

- 乙炔切割时用纯氧代替富氧空气，可使乙炔燃烧得更完全。

(3) 使用电离子化的氧气。例如：

- 电离子化的氧气可去除空气中的异味，改善空气质量。
- 电离子化的氧气可清除空气中的细菌、病毒等微生物，防止疾病传播。
- 负离子发生器。

(4) 用臭氧代替含臭氧氧气或离子化氧气。例如：

- 臭氧有抗炎镇痛作用，可用于治疗椎间盘突出。
- 臭氧溶于水中可去除船机上的有机污染物。
- 臭氧具有脱臭、脱色功能，可用于空气净化和空间消毒。

创新原理 39. 惰性环境

惰性环境分为三个子创新原理：

(1) 用惰性介质代替普通介质。例如：

- 在广告气球中充入氦气，使气球可以飘浮在空中，且比氢气安全。
- 焊接金属时，将惰性气体作为保护气，阻止高温下金属和空气中的氧气发生反应。
- 在真空玻璃管中充入不同的惰性气体，在高压作用下这些玻璃管会发出不同颜色的光，即形成霓虹灯。

(2) 向物质中添加中性或惰性成分。例如：

- 火箭发射时，在零件间添加泡沫以吸收声音的震动。
- 食品保存时，向袋中充入惰性气体以长期保存。
- 给白炽灯充入惰性气体，能保护灯丝，延长使用寿命。

(3) 使用真空环境。例如：

- 双层真空玻璃的隔音效果更好。
- 炒菜时油锅着火，盖上锅盖隔绝油与锅外的空气，可以快速灭火。
- 真空包装食品可以长期储存。

创新原埋 40. 复合材料

复合材料原理是指用复合材料代替单质材料。例如：

- 用热塑性复合材料制作汽车车身，既减轻了车身重量，又能显著提高车身的耐磨性、耐热性。
- 用碳纤维复合材料代替单一金属制作医疗器械。
- 用木塑复合材料作地板，防水、防腐蚀性能更好，也更环保。

3.2.3　创新原理的应用

创新原理的应用有三种方法：

(1) 将 40 个创新原理直接应用于关键问题寻找解决方案；

(2) 应用技术矛盾与矛盾矩阵推荐的创新原理寻找解决方案；

(3) 应用物理矛盾与分离原理推荐的创新原理寻找解决方案。

本节介绍第一种方法，3.3 节介绍第二种方法，3.4 节介绍第三种方法。

案例 3.1：直接运用创新原理解决眼镜问题

将 40 个创新原理直接用于解决频繁擦拭镜片上的异物导致镜片磨花的问题。建议参照相关组件(镜片、异物、擦拭物、擦拭力、空气)的属性与参数(解题资源)寻找解决方案。结果如表 3-2 所示。读者可对表 3-2 进行补充。

表 3-2   直接运用创新原理得到的解决方案列表(示例)

创新原理	可用资源	解 决 方 案
1 分割	擦拭物的可分割性	将单块的大擦拭物分割成多块连接的小擦拭物
	镜片的表面	镜片表面分为附着大量异物区域和附着少量异物区域，附着大量异物区域增加擦拭次数，附着少量异物区域减少擦拭次数
2 抽取	镜片的类型	将镜片从眼镜中抽取出来，制作成隐形眼镜
3 局部特性	镜片的硬度	在容易附着大量异物的镜片区域采用高抗磨损硬度的镜片材质
4 非对称	力的大小	擦拭镜片时在镜片的不同位置施加不同的压力，例如附着大量异物的镜片区域施加较小的压力
5 组合	镜片的数量	一个眼镜包含多组可切换的镜片，当某一组镜片吸附异物后切换至另一组干净的镜片
6 多用性		
7 嵌套	眼镜的位置	眼镜不用时将眼镜放到专用保护壳里
8 重量补偿		
9 预先反作用		
10 预先作用	空气的动力	异物严重影响视线时先用气流吹走部分异物，再擦拭
11 事先防范	眼镜的数量	备用一副眼镜
12 等势		
13 反向作用	力的方向	将擦拭镜片的压力改为吸力
14 曲面化		
15 动态特性		
16 不足或超额行动		
17 空间维数变化	力的方向	擦拭附着大量异物的镜片区域或大颗粒异物时将力的方向由与镜片垂直方向改成与镜片水平方向
		采用具有黏性的擦拭物进行粘贴擦拭(与镜片垂直的方向)
18 机械振动	镜片的振动	使用水振动清洁镜片或超声波振动清洁镜片
19 周期性作用		
20 有效作用的连续性		

创新原理	可用资源	解 决 方 案
21 急速作用		
22 变害为利		
23 反馈		
24 中介物	镜片的吸附性	在镜片上设置多层透明膜,有异物后撕掉最外层透明膜
25 自服务		
26 复制		
27 廉价替代品	镜片的材质	使用可替换的镜片,磨花后替换
28 机械系统替代		
29 气压和液压结构	空气的动力	利用气流吹走异物
30 柔性壳体或薄膜	镜片的材质	用隐形眼镜代替玻璃眼镜
31 多孔材料	擦拭物的结构	擦拭物采用大孔隙的材料
32 改变颜色		
33 同质性	镜片的功能	将仿生晶体植入眼球取代眼镜
34 抛弃或再生	镜片的工艺	用干净的镜片更换附着异物的镜片
35 物理/化学状态变化	镜片的摩擦系数	在异物接触镜片的方向喷液体以降低镜片的摩擦系数
36 相变		
37 热膨胀		
38 强氧化		
39 惰性环境		
40 复合材料	镜片的耐磨性	采用耐磨的复合材料制作镜片
	镜片的吸附性	采用不易吸附异物的复合材料制作镜片

练习 3.1：直接运用创新原理解题

针对身边某个熟悉物品的某个关键问题直接运用创新原理解题,例如以如图 2-16 所示的矿泉水瓶为例针对某个关键问题直接运用创新原理解题。

3.3　技术矛盾与矛盾矩阵

3.3.1　技术矛盾的概念

在解决发明问题(关键问题)时,经常出现的情形是,在采用某种常规的方法解决当前问题(改善参数 C)的过程中,会对其他参数产生负面影响(恶化参数 D)。这种情形称为技术矛盾(或技术冲突)，如图 3-2 所示。

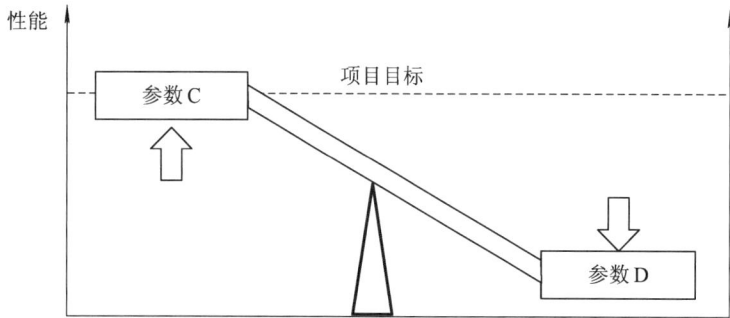

图 3-2   技术矛盾示意图

例如，希望手机屏幕做大一点，这样会提高屏幕内容的观看舒适度，但是会影响便携性。此时，手机的观看舒适度与便携性是一对技术矛盾。

对于技术矛盾，常规的解决思路就是妥协与折中，即当无法同时实现参数 C 和参数 D 的目标时，妥协与折中其中的一个或两个参数，如图 3-3 所示。

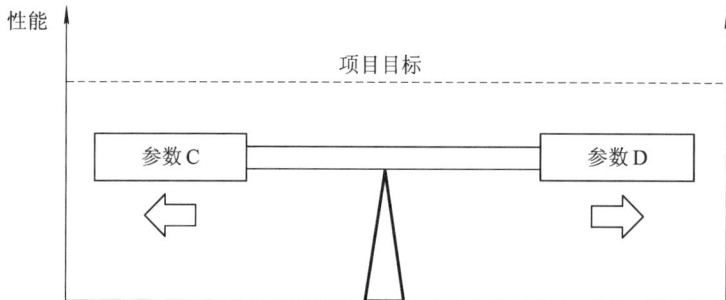

图 3-3   妥协或折中的技术方案示意图

例如，在实验中不断尝试，找到最佳参数设置，将手机屏幕做成不大不小或做成一大一小两种屏幕供用户选择。而 TRIZ 解决问题的理念是抛弃妥协与折中，彻底地解决矛盾。例如，将手机屏幕做成折叠屏，同时满足观看舒适度与便携性要求，就是一种抛弃妥协与折中的方案。

TRIZ 给出了解决技术矛盾的方法，可以达到既能解决当前问题(改善参数 C)又能对参数 D 没有影响(达到参数 D′)或者提升参数 D(达到参数 D″)的效果，如图 3-4 所示。

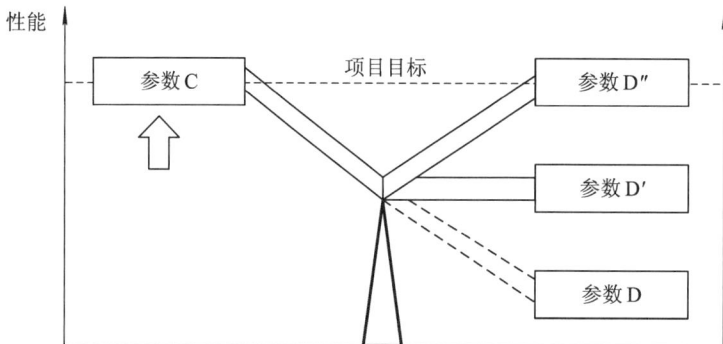

图 3-4   解决技术矛盾方案示意图

3.3.2　技术矛盾模型

将技术矛盾按照"如果……那么……但是"的格式进行描述，构建技术矛盾模型，如表 3-3 所示。

表 3-3　技术矛盾模型

格　式	技　术　矛　盾
如果	采用某个常规方案
那么	改善想要的参数
但是	恶化其他参数

技术矛盾模型的填写顺序：

(1) 填写"那么"：填写发明问题中欲改善的参数。改善是指与期望相符。

(2) 填写"如果"：填写一种可以实现"那么"的常规方案。

(3) 填写"但是"：填写引入"如果"后被恶化的参数。恶化是指与期望相反。

表 3-3 构建的技术矛盾模型是否合理，需要进行验证。验证方法是构建反向技术矛盾。如图 3-5 所示。如果反向技术矛盾合理，则可以认为该技术矛盾模型是合理的。

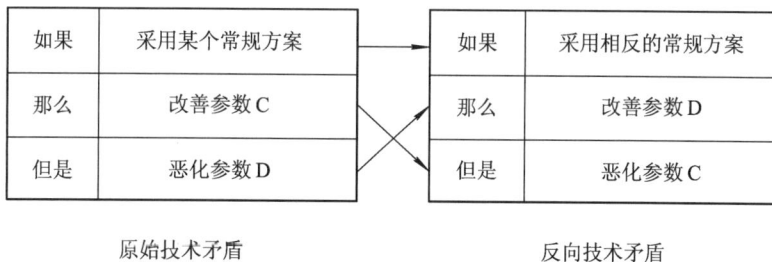

如果	采用某个常规方案
那么	改善参数 C
但是	恶化参数 D

原始技术矛盾

如果	采用相反的常规方案
那么	改善参数 D
但是	恶化参数 C

反向技术矛盾

图 3-5　技术矛盾模型和反向技术矛盾模型对照图

案例 3.2：眼镜的技术矛盾模型

眼镜佩戴过程中镜片会黏附灰尘等异物，常规的解决方案是经常擦拭(例如用纸巾或眼镜布等)镜片，但是频繁擦拭镜片会增加镜片磨花程度。

构建技术矛盾模型，如表 3-4 所示。

表 3-4　眼镜问题的技术矛盾模型 1

技术矛盾模型 1	
如果	增加擦拭镜片的次数
那么	镜片附着的异物少
但是	增加镜片磨花程度

为了验证技术矛盾模型 1 的合理性，构建反向技术矛盾模型 1′，如表 3-5 所示。此时反向技术矛盾模型 1′ 是合理的，因此可以判定技术矛盾模型 1 是合理的。

表 3-5　眼镜问题的反向技术矛盾模型 1′

反向技术矛盾模型 1′	
如果	减少擦拭镜片的次数
那么	减少镜片磨花程度
但是	镜片附着的异物多

针对同一个技术问题，采用不同的技术方案，可以构建不同的技术矛盾模型。例如，表 3-6 所示为技术矛盾模型 2 及其反向技术矛盾 2′。

表 3-6　眼镜问题的技术矛盾模型 2

技术矛盾模型 2		反向技术矛盾 2′	
如果	增大擦拭镜片的力度	如果	减小擦拭镜片的力度
那么	镜片附着的异物去除干净	那么	减少镜片磨花程度
但是	增加镜片磨花程度	但是	镜片上残留部分异物

练习 3.2：技术矛盾模型

针对身边某个熟悉物品的关键问题构建至少一个技术矛盾模型并验证技术矛盾模型的合理性。例如以矿泉水瓶为例针对某个关键问题构建至少一个技术矛盾模型并验证技术矛盾模型的合理性。

3.3.3　通用参数

随着社会的发展，不断出现的新行业导致出现大量的行业参数。如果直接使用行业参数描述技术矛盾，那么技术矛盾的数量会变得更多。这些行业的技术矛盾可能是同一个技术矛盾，只是行业参数不同而已。因此，需要对行业参数进行一般化处理，形成通用参数，如图 3-6 所示。

图 3-6　通用参数转化图

TRIZ 创始人根里奇·阿奇舒勒对各行各业的参数进行了一般化处理，得到 39 个能够表达所有技术矛盾的通用参数，如表 3-7 所示。这 39 个通用参数用于表示技术矛盾中所有的欲改善参数与被恶化参数。

表 3-7　通用参数列表

编号	参数名称	编号	参数名称	编号	参数名称
1	运动物体的重量	14	强度	27	可靠性
2	静止物体的重量	15	运动物体的作用时间	28	测量精度
3	运动物体的长度	16	静止物体的作用时间	29	制造精度
4	静止物体的长度	17	温度	30	作用于物体的有害因素
5	运动物体的面积	18	光照度	31	物体产生的有害因素
6	静止物体的面积	19	运动物体消耗的能量	32	可制造性
7	运动物体的体积	20	静止物体消耗的能量	33	可操作性
8	静止物体的体积	21	功率	34	可维修性
9	速度	22	能量损失	35	适应性及多用性
10	力	23	物质损失	36	设备的复杂性
11	应力或压力	24	信息损失	37	检测的复杂性
12	形状	25	时间损失	38	自动化程度
13	结构的稳定性	26	物质或事物的数量	39	生产率

通用参数列表中存在着"运动物体"和"静止物体"两个概念。运动物体是指技术矛盾发生时组件的位置发生变化或组件自身状态发生变化；静止物体是指技术矛盾发生时组件的位置未发生变化或组件自身状态未发生变化。例如，如果眼镜的某一技术矛盾发生在佩戴状态，则眼镜可看作运动物体；如果该技术矛盾发生在放置状态，则眼镜可看作静止物体。

行业参数一般化为通用参数的方法有两种：

(1) 上位方法。上位方法是指将当前行业参数进行概括得到包容范围较广、概括水平较高的参数。

(2) 结果导向方法。结果导向方法是根据参数所导致的结果确定通用参数。例如，眼镜镜片磨花程度高，会导致视线模糊，被恶化的行业参数是镜片的清晰度，镜片清晰度下降会导致镜片无法使用，即影响镜片使用的可靠性。因此，可以将镜片的清晰度一般化为通用参数 27 可靠性。

案例 3.3：眼镜的技术矛盾通用参数

将表 3-3 中眼镜问题技术矛盾模型的行业参数一般化为通用参数，形成采用通用参数描述的技术矛盾模型。

"镜片附着的异物少"对应的欲改善的行业参数为"影响镜片的有害因素"，一般化为表 3-7 中编号 30 的通用参数"作用于物体的有害因素"。

"增加镜片磨花程度"对应的被恶化的行业参数为"镜片的清晰度"，一般化为表 3-7 中编号 27 的通用参数"可靠性"。

得到如表 3-8 所示的眼镜问题通用参数表。

表 3-8   眼镜问题的通用参数

技术矛盾模型		行业参数	通用参数
如果	增加擦拭镜片的次数		
那么	镜片附着的异物少	改善参数：影响镜片的有害因素	30 作用于物体的有害因素
但是	增加镜片磨花程度	恶化参数：镜片的清晰度	27 可靠性

练习 3.3：通用参数

在练习 3.2 列出的技术矛盾模型基础上，将行业参数一般化为通用参数。例如以矿泉水瓶为例将由某个关键问题构建的技术矛盾模型的行业参数一般化为通用参数。

3.3.4   阿奇舒勒矛盾矩阵

为方便使用创新原理，TRIZ 创始人根里奇·阿奇舒勒提出了矛盾矩阵。如图 3-7 所示为矛盾矩阵示意图(完整的矛盾矩阵见附录)。阿奇舒勒矛盾矩阵是一个 39×39 的矩阵(不含表头)，每列的表头与每行的表头是按顺序排列的 39 个通用参数，行中的参数为改善的参数，列中的参数为恶化的参数，行列交叉单元格中的数字为相应技术矛盾被推荐的创新原理编号。行列交叉单元格中如果标识为"—"，表示该技术矛盾没有被推荐的创新原理；如果没有数字和"—"，则意味着所有的创新原理都可以使用。

	恶化的参数 →					
改善的参数 ↓		1 运动物体的重量	2 静止物体的重量	3 运动物体的长度	... 38 自动化程度	39 生产率
	1 运动物体的重量		—	15, 8, 29, 34	26, 35, 18, 19	35, 3, 24, 37
	2 静止物体的重量	—		—	2, 26, 35	1, 28, 15, 35
	3 运动物体的长度	8, 15, 29, 34	—		17, 24, 26, 16	14, 4, 28, 29
	...					
	38 自动化程度	28, 26, 18, 35	28, 26, 35, 10	14, 13, 28, 17		5, 12, 35, 26
	39 生产率	35, 26, 24, 37	28, 27, 15, 3	18, 4, 28, 38	5, 12, 35, 26	

图 3-7   阿奇舒勒矛盾矩阵示意图

阿奇舒勒矛盾矩阵的使用方法：在阿奇舒勒矛盾矩阵中查找通用的改善参数(行)与恶化参数(列)对应的交叉单元，得到被推荐的创新原理。

案例 3.4：根据眼镜的技术矛盾通用参数查询阿奇舒勒矛盾矩阵

表 3-8 中，改善的参数为"30 作用于物体的有害因素"，恶化的参数为"27 可靠性"，在阿奇舒勒矛盾矩阵中查找改善参数(30 作用于物体的有害因素)与恶化参数(27 可靠性)对应的交叉单元，得到被推荐的创新原理为创新原理 27、创新原理 24、创新原理 2、创新原理 40，如表 3-9 所示。

表 3-9　查询矛盾矩阵得到被推荐的创新原理

编号	创新原理	子创新原理及详解
27	廉价替代	(1) 用廉价的物品代替昂贵的物品
24	中介物	(1) 使用中介实现所需动作
		(2) 把一个物体与另一容易去除的物体临时结合
2	抽取	(1) 从物体中抽取有负面影响的部分或属性
		(2) 从物体中抽出必要的部分或属性
40	复合材料	(1) 用复合材料代替单质材料

练习 3.4：查询阿奇舒勒矛盾矩阵

在练习 3.3 列出的通用参数的基础上，查询阿奇舒勒矛盾矩阵，得到被推荐的创新原理。例如以矿泉水瓶为例依据某个技术矛盾的通用参数查询阿奇舒勒矛盾矩阵，得到被推荐的创新原理。

3.3.5　运用矛盾矩阵解决技术矛盾的流程

运用矛盾矩阵解决技术矛盾的流程如下：

(1) 描述要解决的关键问题。

描述通过因果链分析或剪裁等问题分析工具得到的某个关键问题。

(2) 根据关键问题构建技术矛盾模型。

用"如果……那么……但是……"的形式描述技术矛盾。注意，技术矛盾可能有多个。为验证所定义的技术矛盾是否合理，写出正反两个技术矛盾，通过分析反向技术矛盾的合理性来判断正向技术矛盾的合理性。

(3) 将行业参数一般化为通用参数。

将技术矛盾中欲改善和被恶化的行业参数一般化为通用参数。

(4) 查询阿奇舒勒矛盾矩阵得到被推荐的创新原理。

在阿奇舒勒矛盾矩阵中查找通用的改善参数(行)与恶化参数(列)对应的交叉单元，得到被推荐的创新原理。

(5) 分析并列出解题相关组件的属性与参数(解题资源)。

(6) 应用创新原理寻找解决技术矛盾的方案。

运用矛盾矩阵解决技术矛盾的流程图如图 3-8 所示。

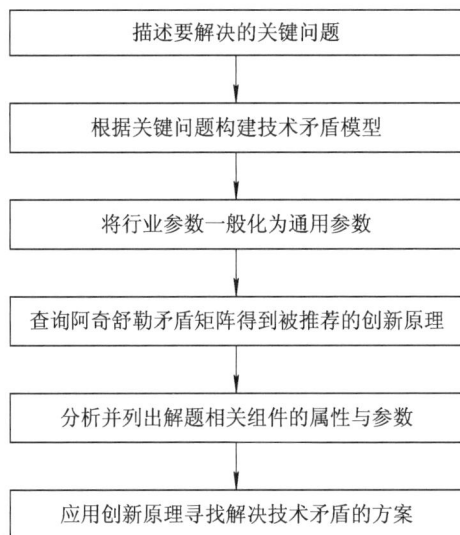

图 3-8   运用矛盾矩阵解决技术矛盾的流程图

案例 3.5:运用矛盾矩阵解决眼镜技术矛盾

(1) 描述要解决的关键问题。

眼镜佩戴过程中镜片黏附灰尘等异物,常规的解决方案是经常擦拭(例如用纸巾或眼镜布等)镜片,但是频繁擦拭镜片会增加镜片磨花程度。

(2) 根据关键问题构建技术矛盾模型。

根据上述关键问题构建技术矛盾模型,如表 3-10 所示。

表 3-10   眼镜问题的技术矛盾模型

技术矛盾模型		反向技术矛盾模型	
如果	增加擦拭镜片的次数	如果	减少擦拭镜片的次数
那么	镜片附着的异物少	那么	减少镜片磨花程度
但是	增加镜片磨花程度	但是	镜片附着的异物多

(3) 将行业参数一般化为通用参数。

根据结果导向法确定改善的行业参数为"作用于镜片的有害因素",对应的通用参数为"作用于物体的有害因素",恶化的行业参数为"镜片清晰度",对应的通用参数为"可靠性",如表 3-8 所示。

(4) 查询阿奇舒勒矛盾矩阵,得到被推荐的创新原理。

在阿奇舒勒矛盾矩阵中查找改善参数(30 作用于物体的有害因素)与恶化参数(27 可靠性)对应的交叉单元,得到被推荐的创新原理(27 廉价替代、24 中介物、2 抽取、40 复合材料)表 3-9 所示。

(5) 分析并列出解题相关组件的属性与参数(解题资源)。

列出相关组件(镜片、异物、擦拭物、擦拭力、空气)的属性与参数(解题资源)。

(6) 应用创新原理寻找解决技术矛盾的方案。

对照相关组件的属性与参数(解题资源)，运用被推荐的创新原理寻找解决方案。结果如表 3-11 所示。读者可对表 3-11 进行补充。

表 3-11　运用技术矛盾与矛盾矩阵得到的解决方案列表(示例)

创新原理	可用资源	解决方案
27 廉价替代	镜片的材质	使用可替换的镜片，磨花后替换
24 中介物	镜片的吸附性	在镜片上设置多层透明膜，有异物后撕掉最外层透明膜
2 抽取	镜片的透光性	将镜片从眼镜中抽取出来，制作成隐形眼镜
40 复合材料	镜片的耐磨性	采用耐磨的复合材料制作镜片

解决方案之一：在镜片上设置透明膜，如图 3-9 所示。

图 3-9　设置透明膜的镜片示意图

练习 3.5：利用矛盾矩阵解决技术矛盾

在练习 3.2、3.3、3.4 的基础上，运用矛盾矩阵解决技术矛盾，例如以矿泉水瓶为例运用矛盾矩阵解决某个关键问题的技术矛盾。

3.4　物理矛盾与分离原理

3.4.1　物理矛盾的概念

在解决发明问题的时候，经常遇到的另一种情形是，对于同一个物理参数具有两个相反且合理的需求，这种情形称为物理矛盾(或物理冲突)。例如，希望手机屏幕做大一点，这样会提高屏幕内容的观看舒适度，同时希望手机屏幕做小一点，这样会便于携带。针对手机屏幕的尺寸参数，具有既要大、又要小两个相反且合理的需求，这就是一个物理矛盾。

物理矛盾与技术矛盾的区别：

(1) 技术矛盾是系统中两个不同参数之间存在的矛盾关系。

(2) 物理矛盾是系统中同一个参数的两种相反的需求。

3.4.2　物理矛盾模型

物理矛盾模型的格式为：

参数 ___A___ 需要 ___B___ ，因为 ___C___ ；
但是
参数 ___A___ 需要 ___非B___ ，因为 ___D___ 。

其中，A 表示某一参数；B 表示正向需求；非 B 表示 B 的反向或互补需求；C 表示正向需求 B 满足的情况下可以达到的效果；D 表示非 B 满足的情况下可以达到的效果。

例如，

手机 ___屏幕尺寸___ 需要 ___大___ ，因为 ___提高屏幕内容的观看舒适度___ ；
但是
手机 ___屏幕尺寸___ 需要 ___小___ ，因为 ___便于携带___ 。

案例 3.6：眼镜的物理矛盾模型

关键问题：眼镜佩戴过程中镜片黏附灰尘等异物，常规的解决方案是经常擦拭(例如用纸巾或眼镜布等)镜片，但是频繁擦拭镜片会增加镜片磨花程度。

可以得到物理矛盾模型：

___擦拭镜片的次数___ 需要 ___多___ ，因为 ___镜片附着的异物少___ ；
但是
___擦拭镜片的次数___ 需要 ___少___ ，因为 ___减少镜片磨花程度___ 。

练习 3.6：物理矛盾模型

针对身边某个熟悉物品的关键问题构建至少一个物理矛盾模型，例如以矿泉水瓶为例，针对某个关键问题构建至少一个物理矛盾模型。

思考 3.1：构建技术矛盾模型与构建物理矛盾模型，哪个更难？

对比构建技术矛盾模型与构建物理矛盾模型的难易程度。

3.4.3　技术矛盾与物理矛盾的相互转换

将技术矛盾模型转换为物理矛盾模型的步骤，如图 3-10 所示。

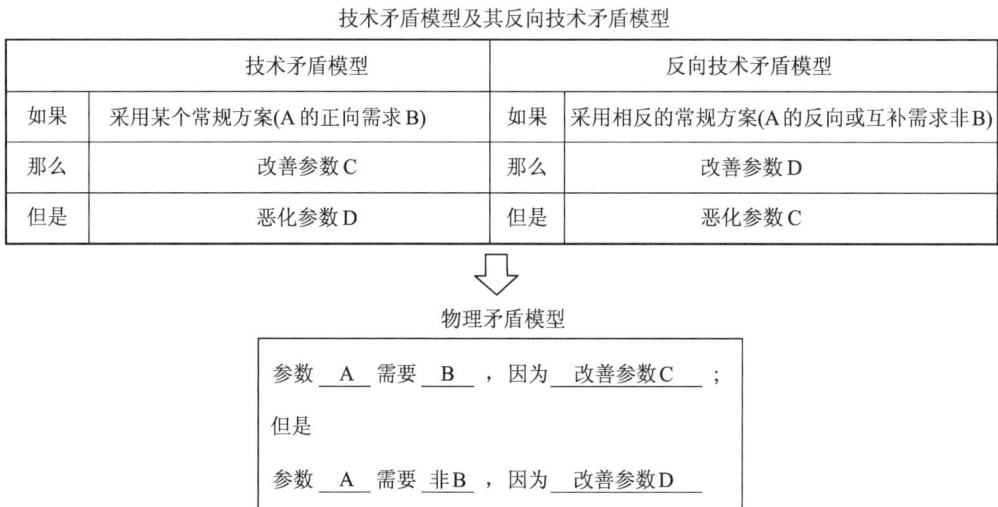

技术矛盾模型及其反向技术矛盾模型

	技术矛盾模型		反向技术矛盾模型
如果	采用某个常规方案(A 的正向需求 B)	如果	采用相反的常规方案(A 的反向或互补需求非 B)
那么	改善参数 C	那么	改善参数 D
但是	恶化参数 D	但是	恶化参数 C

物理矛盾模型

参数 ___A___ 需要 ___B___ ，因为 ___改善参数C___ ；
但是
参数 ___A___ 需要 ___非B___ ，因为 ___改善参数D___ 。

图 3-10　技术矛盾模型转换为物理矛盾模型

步骤 1：构建技术矛盾模型及其反向技术矛盾模型。

步骤 2：通过技术矛盾模型中的"如果"识别物理矛盾模型中的参数 A 及其正向需求 B、参数 A 的反向或互补需求非 B。

步骤 3：通过两个技术矛盾模型中的"那么"识别 B 满足的情况下可以改善的参数 C、非 B 满足的情况下可以改善的参数 D。

案例 3.7：眼镜的技术矛盾模型与物理矛盾模型相互转换

转换过程如图 3-11 所示。

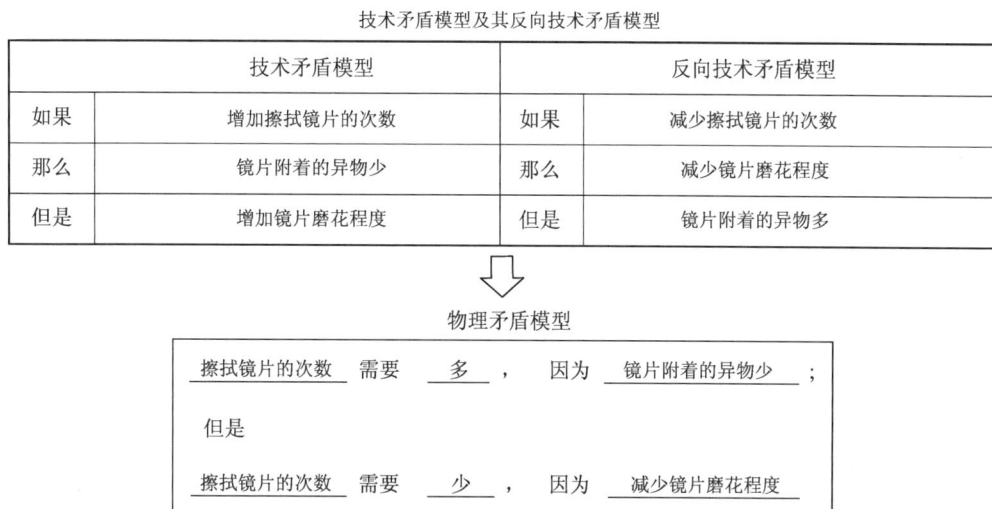

技术矛盾模型及其反向技术矛盾模型

	技术矛盾模型		反向技术矛盾模型
如果	增加擦拭镜片的次数	如果	减少擦拭镜片的次数
那么	镜片附着的异物少	那么	减少镜片磨花程度
但是	增加镜片磨花程度	但是	镜片附着的异物多

物理矛盾模型

擦拭镜片的次数	需要	多	，因为	镜片附着的异物少	；
但是					
擦拭镜片的次数	需要	少	，因为	减少镜片磨花程度	

图 3-11　技术矛盾模型转换为物理矛盾模型

(1) 根据表 3-10 构建技术矛盾模型及其反向技术矛盾模型。

(2) 通过技术矛盾模型中的"如果"(增加擦拭镜片的次数、减少擦拭镜片的次数)识别物理矛盾模型中的参数 A 为"擦拭镜片的次数"，参数 A 的正向需求 B 为"多"，参数 A 的反向或互补需求非 B 为"少"。

(3) 通过技术矛盾模型中的"那么"(镜片附着的异物少、减少镜片磨花程度)识别 B 满足的情况下可以改善的参数 C 为"镜片附着的异物少"，非 B 满足的情况下可以改善的参数 D 为"减少镜片磨花程度"。

练习 3.7：技术矛盾模型与物理矛盾模型相互转换

将练习 3.2 中构建的技术矛盾模型转换为物理矛盾模型。

3.4.4　解决物理矛盾的方法

解决物理矛盾的方法分为分离矛盾需求、满足矛盾需求和绕过矛盾需求三种。分离矛盾需求是通过分离同一参数不同需求的发生条件直接解决矛盾的方法；满足矛盾需求是在不能分离同一参数不同需求的发生条件时解决矛盾的方法；绕过矛盾需求是尝试改变工作原理使得原有物理矛盾不存在从而解决矛盾的方法。本章仅介绍通过分离矛盾需求解决物理矛盾的方法。

分离矛盾需求就是分解同一参数不同需求的发生条件，如果不同需求的发生条件没有重叠，那么就可以根据不同需求的发生条件求解该物理矛盾。

分离矛盾需求的方法有 5 种，分别为空间分离、时间分离、对象分离、方向分离、系统级别分离。

1. 空间分离

定义：如果同一参数不同需求的发生条件处于不同空间，即相互矛盾的需求发生在不同空间，那么可以采用空间分离的方法求解该物理矛盾。

图 3-12(a)中同一参数的需求 1 和需求 2 发生的空间有重叠，不能采用空间分离的方法求解该物理矛盾；图 3-12(b)中同一参数的需求 1 和需求 2 发生的空间没有重叠，可以采用空间分离的方法求解该物理矛盾。

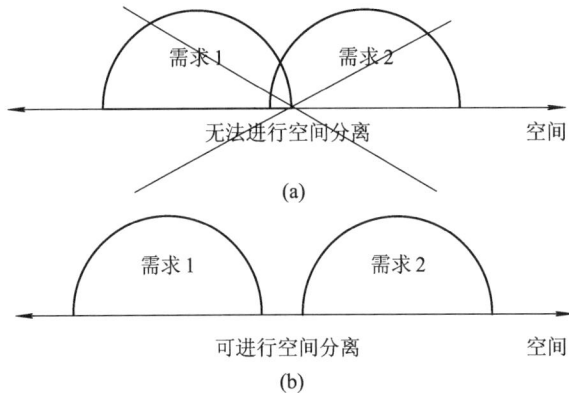

图 3-12   空间分离示意图

导向关键词：在哪里。即：在哪里需要……(正向需求)，在哪里需要……(反向或互补需求)。

与空间分离相关的创新原理如表 3-12 所示。

表 3-12   与空间分离相关的创新原理列表

分离矛盾需求	编号	创 新 原 理
空间分离	1	分割
	2	抽取
	3	局部特性
	7	嵌套
	4	非对称
	17	空间维数变化

案例 3.8：运用空间分离解决眼镜问题

(1) 描述关键问题。

物理矛盾：擦拭镜片的次数需要多，又需要少。

(2) 写出物理矛盾。

  擦拭镜片的次数 需要 多 ，因为 镜片附着的异物少 ；

但是

　　<u>　擦拭镜片的次数　</u>需要<u>　少　</u>，因为<u>　减少镜片磨花程度　</u>。

(3) 加入导向关键词来描述物理矛盾。

导向关键词：在哪里。

在<u>　附着大量异物的镜片区域　</u>，<u>　擦拭镜片的次数　</u>需要<u>　多　</u>，因为<u>　及时清理异物　</u>；

但是

在<u>　附着少量异物的镜片区域　</u>，<u>　擦拭镜片的次数　</u>需要<u>　少　</u>，因为<u>　减少镜片磨花程度　</u>。

(4) 分析并列出解题相关组件的属性与参数(解题资源)。

列出相关组件(镜片、异物、擦拭物、擦拭力、空气)的属性与参数(解题资源)。

(5) 应用与空间分离相关的创新原理得到具体的解决方案。

参照列出的相关组件(镜片、异物、擦拭物、擦拭力、空气)的属性与参数(解题资源)，应用与空间分离相关的创新原理得到解决方案，结果如表 3-13 示例。读者可对表 3-13 进行补充。

表 3-13　运用空间分离得到的解决方案列表(示例)

分离矛盾需求	创新原理	可用资源	解 决 方 案
空间分离	1 分割	镜片的表面	镜片表面分为附着大量异物区域和附着少量异物区域，附着大量异物区域增加擦拭次数，附着少量异物区域减少擦拭次数
	2 抽取		
	3 局部特性	镜片的硬度	在容易附着大量异物的镜片区域采用高抗磨损硬度的镜片材质
	7 嵌套		
	4 非对称	力的大小	擦拭镜片时在镜片的不同位置施加不同的压力，例如附着大量异物的镜片区域施加较小的压力
	17 空间维数变化	力的方向	擦拭附着大量异物的镜片区域时将力的方向由与镜片垂直方向变成与镜片水平方向

解决方案之一：镜片表面分为附着大量异物区域和附着少量异物区域，如图 3-13 所示。

图 3-13　划分异物区域的镜片示意图

练习 3.8：运用空间分离解决物理矛盾

运用空间分离解决练习 3.7 列出的物理矛盾。

2. 时间分离

定义：如果同一参数不同需求的发生条件处于不同时间，即相互矛盾的需求发生在不同时间，那么可以采用时间分离的方法求解该物理矛盾。

图 3-14(a)中同一参数的需求 1 和需求 2 发生的时间有重叠，不能采用时间分离的方法求解该物理矛盾；图 3-14(b)中同一参数的需求 1 和需求 2 发生的时间没有重叠，可以采用时间分离的方法求解该物理矛盾。

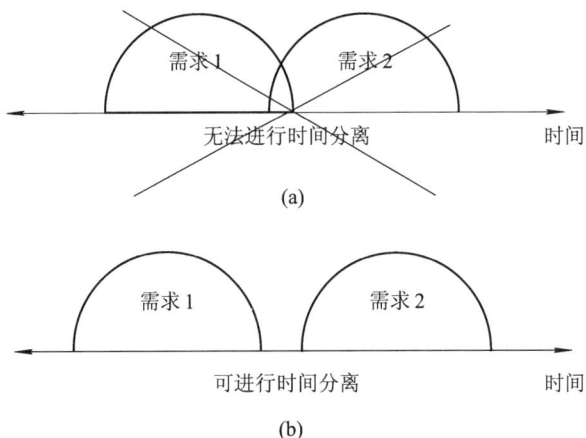

图 3-14　时间分离示意图

导向关键词：什么时候。即：在什么时候需要……(正向需求)，在什么时候需要……(反向需求)。

与时间分离相关的创新原理表 3-14 所示。

表 3-14　与时间分离相关的创新原理列表

分离矛盾需求	编号	创 新 原 理
时间分离	9	预先反作用
	10	预先作用
	11	事先防范
	15	动态特性
	34	抛弃或再生

案例 3.9：运用时间分离解决眼镜问题

(1) 描述关键问题。

物理矛盾：擦拭镜片的次数需要多，又需要少。

(2) 写出物理矛盾。

　　擦拭镜片的次数　　需要　　多　　，因为　　镜片附着的异物少　　；

但是

　　擦拭镜片的次数　需要　少　，因为　减少镜片磨花程度　。

(3) 加入导向关键词来描述物理矛盾。

导向关键词：在什么时候。

　　异物严重影响视线时　，擦拭镜片的次数　需要　多　，因为　及时清理异物　；

但是

　　异物轻微影响视线时　，擦拭镜片的次数　需要　少　，因为　减少镜片磨花程度　。

(4) 分析并列出解题相关组件的属性与参数(解题资源)。

列出相关组件(镜片、异物、擦拭物、擦拭力、空气)的属性与参数(解题资源)。

(5) 应用与时间分离相关的创新原理得到具体的解决方案。

对照列出的相关组件(镜片、异物、擦拭物、擦拭力、空气)的属性与参数(解题资源)，应用与时间分离相关的创新原理得到解决方案，结果如表 3-15 示例。读者可对表 3-15 进行补充。

表 3-15　运用时间分离得到的解决方案列表(示例)

分离矛盾需求	创新原理	可用资源	解决方案
时间分离	9 预先反作用		
	10 预先作用	空气的动力	异物严重影响视线时先用气流吹走部分异物，再擦拭
	11 事先防范	眼镜的数量	备用一副眼镜
	15 动态特性		
	34 抛弃或再生		

解决方案之一：异物严重影响视线时先用气流吹走部分异物，如图 3-15 所示。

图 3-15　吹走部分异物示意图

练习 3.9：运用时间分离解决物理矛盾

运用时间分离解决练习 3.7 列出的物理矛盾。

3. 对象分离

定义：如果同一参数不同需求的发生条件是针对不同对象，即相互矛盾的需求对应的是不同对象或不同对象有不同需求，那么可以采用对象分离的方法求解该物理矛盾。

图 3-16(a)中同一参数的需求 1 和需求 2 发生的对象有重叠，不能采用对象分离的方法求解该物理矛盾；图 3-16(b)中同一参数的需求 1 和需求 2 发生的对象没有重叠，可以采用对象分离的方法求解该物理矛盾。

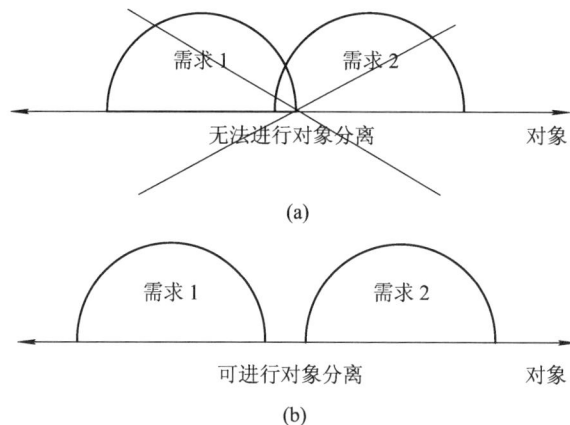

图 3-16   对象分离示意图

导向关键词：对谁。即：对某一对象需要……(正向需求)，对另一对象需要……(反向需求)。与对象分离相关的创新原理如表 3-16 所示。

表 3-16   与对象分离相关的创新原理列表

分离矛盾需求	编号	创 新 原 理
对象分离	3	局部特性
	17	空间维数变化
	19	周期性作用
	31	多孔材料
	32	改变颜色

案例 3.10：运用对象分离解决眼镜问题

(1) 描述关键问题。

物理矛盾：擦拭镜片的次数需要多，又需要少。

(2) 写出物理矛盾。

　擦拭镜片的次数　 需要 　多　 ，因为 　镜片附着的异物少　 ；
但是

　擦拭镜片的次数　 需要 　少　 ，因为 　减少镜片磨花程度　 。

(3) 加入导向关键词来描述物理矛盾。

导向关键词：对谁。

　<u>对大颗粒异物</u>，<u>擦拭镜片的次数</u> 需要 <u>多</u>，因为 <u>镜片附着的异物少</u>；

但是

　<u>对小颗粒异物</u>，<u>擦拭镜片的次数</u> 需要 <u>少</u>，因为 <u>减少镜片磨花程度</u>。

(4) 分析并列出解题相关组件的属性与参数(解题资源)。

列出相关组件(镜片、异物、擦拭物、擦拭力、空气)的属性与参数(解题资源)。

(5) 应用与对象分离相关的创新原理得到具体的解决方案。

对照列出的相关组件(镜片、异物、擦拭物、擦拭力、空气)的属性与参数(解题资源)，应用与对象分离相关的创新原理得到解决方案，结果如表 3-17 示例。读者可对表 3-17 进行补充。

表 3-17　运用对象分离得到的解决方案列表(示例)

分离矛盾需求	创新原理	可用资源	解　决　方　案
对象分离	3 局部特性		
	17 空间维数变化	力的方向	擦拭大颗粒异物时将力的方向由与镜片垂直方向改成与镜片水平方向
	19 周期性作用		
	31 多孔材料	擦拭物的结构	擦拭物采用大孔隙的材料
	32 改变颜色		
	40 复合材料	镜片的吸附性	采用不易吸附异物的复合材料制作镜片

解决方案之一：擦拭大颗粒异物时将力的方向由与镜片垂直方向改成与镜片水平方向，如图 3-17 所示。

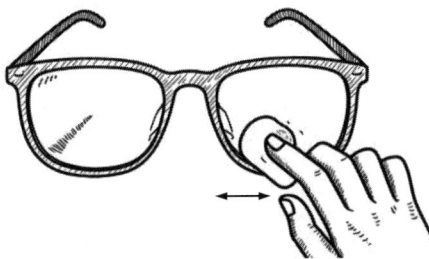

图 3-17　水平擦拭镜片

练习 3.10：运用对象分离解决物理矛盾

运用对象分离解决练习 3.7 列出的物理矛盾。

4. 方向分离

定义：如果同一参数不同需求的发生条件处于不同方向，即相互矛盾的需求发生在不同方向，那么可以采用方向分离的方法求解该物理矛盾。

图 3-18(a)中同一参数的需求 1 和需求 2 发生的方向有重叠，不能采用方向分离的方法求解该物理矛盾；图 3-18(b)中同一参数的需求 1 和需求 2 发生的方向没有重叠，可以采用方向分离的方法求解该物理矛盾。

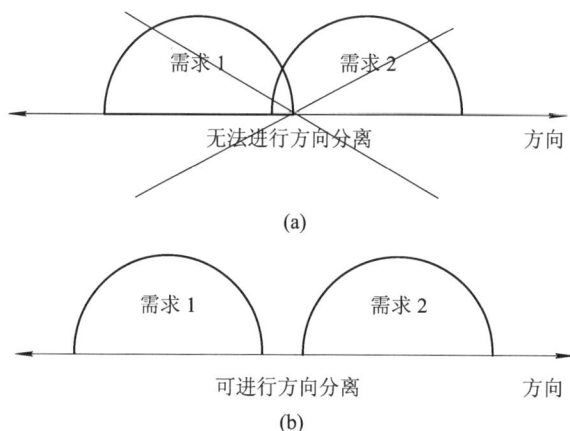

(a)

(b)

图 3-18   方向分离示意图

导向关键词：哪个方向。即：在什么方向需要……(正向需求)，在什么方向需要……(反向需求)。

与方向分离相关的创新原理如表 3-18 所示。

表 3-18   与方向分离相关的创新原理列表

分离矛盾需求	编号	创 新 原 理
方向分离	4	非对称
	14	曲面化
	17	空间维数变化
	32	改变颜色
	35	物理/化学状态变化
	40	复合材料

案例 3.11：运用方向分离解决眼镜问题

(1) 描述关键问题。

物理矛盾：擦拭镜片的次数需要多，又需要少。

(2) 写出物理矛盾。

__擦拭镜片的次数__ 需要 __多__，因为 __镜片附着的异物少__ ；
但是

__擦拭镜片的次数__ 需要 __少__，因为 __减少镜片磨花程度__ 。

(3) 加入导向关键词来描述物理矛盾。

导向关键词：在哪个方向。

　　　在异物接触镜片的方向　，　擦拭镜片的次数　需要　多　，因为　镜片附着的异物少　；

　　但是

　　　在异物远离镜片的方向　，　擦拭镜片的次数　需要　少　，因为　减少镜片磨花程度　。

　　(4) 分析并列出解题相关组件的属性与参数(解题资源)。

　　列出相关组件(镜片、异物、擦拭物、擦拭力、空气)的属性与参数(解题资源)。

　　(5) 应用与方向分离相关的创新原理产生具体的解决方案。

　　对照列出的相关组件(镜片、异物、擦拭物、擦拭力、空气)的属性与参数(解题资源)，应用与方向分离相关的创新原理得到解决方案，结果如表 3-19 示例。读者可对表 3-19 进行补充。

表 3-19　运用方向分离得到的解决方案列表(示例)

分离矛盾需求	创新原理	可用资源	解 决 方 案
方向分离	4 非对称	力的方向	擦拭镜片时在不同方向施加不同的压力，例如在异物接触镜片的方向施加较小的压力
	14 曲面化		
	17 空间维数变化	力的方向	采用具有黏性的擦拭物进行粘贴擦拭(与镜片垂直的方向)
	32 改变颜色		
	35 物理/化学状态变化	镜片的摩擦系数	在异物接触镜片的方向喷液体，以降低镜片的摩擦系数
	40 复合材料		

　　解决方案之一：采用具有黏性的擦拭物进行粘贴擦拭，如图 3-19 所示。

图 3-19　黏性擦拭物粘贴擦拭

练习 3.11：运用方向分离解决物理矛盾

运用方向分离解决练习 3.7 列出的物理矛盾。

5. 系统级别分离

定义：如果同一参数不同需求的发生条件处于不同子系统或超系统，即相互矛盾的需求发生在不同子系统或超系统，那么可以采用系统级别分离的方法求解该物理矛盾。

图 3-20(a)中同一参数的需求 1 和需求 2 发生的子系统或超系统有重叠，不能采用系统级别分离的方法求解该物理矛盾；图 3-20(b)中同一参数的需求 1 和需求 2 发生的子系统或超系统没有重叠，可以采用系统级别分离的方法求解该物理矛盾。

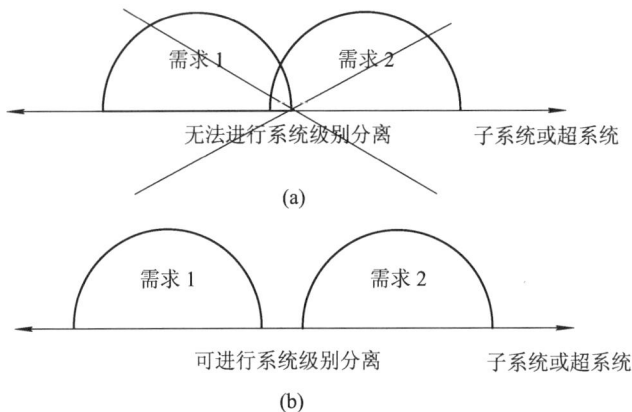

(a)

(b)

图 3-20   系统级别分离示意图

导向关键词：无。

与系统级别分离相关的创新原理如表 3-20 所示。

表 3-20   与系统级别分离相关的创新原理列表

分离矛盾需求	编号	创 新 原 理
系统级别分离	1	分割
	5	组合
	12	等势
	33	同质性

案例 3.12：运用系统级别分离解决眼镜问题

(1) 描述关键问题。

物理矛盾：擦拭镜片的次数需要多，又需要少。

(2) 写出物理矛盾。

　　擦拭镜片的次数　　需要　　多　　，因为　　镜片附着的异物少　　；
但是

　　擦拭镜片的次数　　需要　　少　　，因为　　减少镜片磨花程度　　。

(3) 加入导向关键词来描述物理矛盾。

导向关键词：无。

(4) 分析并列出解题相关组件的属性与参数(解题资源)。

列出相关组件(镜片、异物、擦拭物、擦拭力、空气)的属性与参数(解题资源)。

(5) 应用与系统级别分离相关的创新原理产生具体的解决方案。

对照列出的相关组件(镜片、异物、擦拭物、擦拭力、空气)的属性与参数(解题资源)，应用与系统级别分离相关的创新原理得到解决方案，结果如表 3-21 示例。读者可对表 3-21 进行补充。

表 3-21　运用系统级别分离得到的解决方案列表(示例)

分离矛盾需求	创新原理	可用资源	解　决　方　案
系统级别分离	1 分割		
	5 组合	镜片的数量	一个眼镜包含多组可变换的镜片，当某一组镜片吸附异物后变换至另一组干净的镜片
	12 等势		
	33 同质性	镜片的功能	将仿生晶体植入眼球取代眼镜

解决方案之一：一个眼镜包含多组可替换的镜片，如图 3-21 所示。

图 3-21　可替换镜片示意图

练习 3.12：运用系统级别分离解决物理矛盾

运用系统级别分离解决练习 3.7 列出的物理矛盾。

3.4.5　运用分离原理解决物理矛盾的流程

运用分离原理解决物理矛盾的流程如下：

(1) 描述要解决的关键问题。

描述由第 2 章介绍的功能分析、因果链分析、剪裁等问题分析工具得到的关键问题。

(2) 构建物理矛盾模型。

直接构建物理矛盾模型或将技术矛盾模型转换为物理矛盾模型。考虑到难易程度，建议采用将技术矛盾模型转换为物理矛盾模型的方法。

(3) 选择分离原理。

根据不同的导向关键词选择不同的分离原理。

(4) 分析并列出解题相关组件的属性与参数(解题资源)。

(5) 应用创新原理寻找解决物理矛盾的解决方案。

运用分离原理解决物理矛盾的流程图如图 3-22 所示。

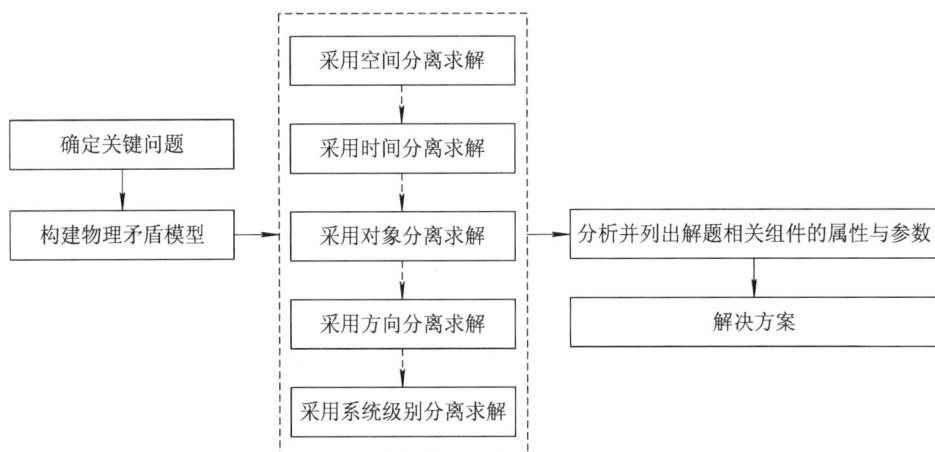

图 3-22   运用分离原理解决物理矛盾的流程图

案例 3.13：运用分离原理解决眼镜的物理矛盾

(1) 描述要解决的关键问题。

眼镜佩戴过程中镜片黏附灰尘等异物，常规的解决方案是经常擦拭(例如用纸巾或眼镜布等)镜片，但是频繁擦拭镜片会增加镜片磨花程度。

(2) 构建物理矛盾模型。

将表 3-3 的眼镜问题的技术矛盾模型转换为物理矛盾模型。

物理矛盾模型为：

__擦拭镜片的次数__ 需要 __多__ ，因为 __镜片附着的异物少__ ；

但是

__擦拭镜片的次数__ 需要 __少__ ，因为 __减少镜片磨花程度__ 。

(3) 选择分离原理。

选择空间分离、时间分离、对象分离、方向分离、系统级别分离原理中的一种。

(4) 分析并列出解题相关组件的属性与参数(解题资源)。

(5) 应用创新原理寻找解决物理矛盾的解决方案。

应用与空间分离相关的创新原理得到解决方案列表，详见表 3-13；

应用与时间分离相关的创新原理得到解决方案列表，详见表 3-15；

应用与对象分离相关的创新原理得到解决方案列表，详见表 3-17；

应用与方向分离相关的创新原理得到解决方案列表，详见表 3-19；

应用与系统级别分离相关的创新原理得到解决方案列表，详见表 3-21。

练习 3.13：运用分离原理解决物理矛盾

运用分离原理解决练习 3.7 列出的物理矛盾。

3.4.6   技术矛盾与物理矛盾的解题难度对比

两种矛盾的解题难度对比如下：

(1) 技术矛盾的定义相对宽泛不严谨。针对同一个问题，改进的参数与恶化的参数有很多，会出现很多对技术矛盾。由于阿奇舒勒矛盾矩阵中推荐的创新原理是基于当时的发明专利统计出来的，仅凭被推荐的创新原理寻找解决方案，可能会不全面。另外，因为技术矛盾缺乏必要的解题提示，直接由创新原理寻找解决方案对人的知识与经验要求很高。

(2) 物理矛盾是针对同一个问题的同一参数提出相反的两种需求。物理矛盾相对严谨，但是要直接找出物理矛盾有些难度。物理矛盾解题是基于分离原理的，分离原理提供了分解不同需求发生条件的解题思路，因此运用与分离原理相关的创新原理解题是有启示的，解题难度相对较低。

结合技术矛盾容易定义但解题较难和物理矛盾较难定义但解题容易的特点，建议将技术矛盾与物理矛盾组合使用，即先构建技术矛盾，再将技术矛盾转换为物理矛盾，然后对物理矛盾进行求解。

3.5　资　源　分　析

3.5.1　资源的定义与类型

1. 资源的定义

资源是一切可被人类开发利用的物质、能量、信息及其属性的统称。

TRIZ 的基本解题原则是尽可能利用系统及其超系统的资源解决问题。

2. 资源的类型

按照资源的来源和可用程度对资源进行分类，如图 3-23 所示。

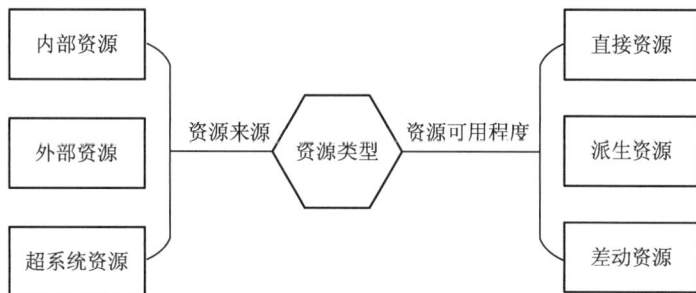

图 3-23　资源类型

(1) 按照来源，资源分为内部资源、外部资源和超系统资源。

内部资源是矛盾或冲突发生的时间、空间范围内存在的资源。

外部资源是矛盾或冲突发生的时间、空间范围之外存在的资源。

超系统资源是来自超系统的或其他可获得的廉价资源。

(2) 按照可用程度，资源分为直接资源、派生资源和差动资源。

直接资源是在当前状态下可被使用的资源，包括物质资源、时间资源、空间资源、场资源、功能资源、信息资源。物质资源包括原材料、半成品、系统组件、廉价物、废料、物质流、物质属性等；时间资源包括在先时间、暂停时间、闲置时间、平行时间、群体处理时间、交错处理时间、处理后时间等；空间资源包括存在于系统或环境的空间；场资源包括机械场、电场、热场、化学场、磁场、电磁场、核能场等；功能资源包括系统及其超系统的显性功能及潜在功能；信息资源包括历史数据、中间数据、经验、科学效应、信息流或信息路径等。

派生资源是必须通过某种变换才能被利用的资源。变换通常需要经过物理状态的变化或化学反应，例如相变、属性变化等。

差动资源是不同的特征或参数产生的资源，如温度梯度、压力梯度、电势、高度差异等。

3.5.2 资源的属性与参数

物质属性是资源中最直观、最本质地表示某物质明显区别于其他物质的必然的、不可分离的性质。单个物质可以具有多种属性，多个物质可以具有同一种属性。不同种类的物质具有不同的属性；相同种类的物质具有相同的属性，但度量值可能不同。

参数是物质属性在某个时间和空间下的显性化度量，也称为属性参数。每个属性对应一个或多个参数。参数经过抽象后可知其背后的属性。

物质的属性可分为物理属性、几何属性、化学属性、工艺属性、材料属性、生物属性、场属性、位置属性八类。

1. 物理属性

物理属性与属性参数列表如表 3-22 所示。

表 3-22 物理属性与属性参数列表

物 理 属 性	属 性 参 数
致密性	密度
颜色	颜色值，色度
溶化性	熔点
沸腾性	沸点
抗变形性	强度
透光性	透光度
导热性	导热率
导电性	电导率
吸水性	吸水率
挥发性	挥发率
导磁性	磁导率
磁化性	磁化率
分子热运动性(内能)	温度
抗压入性	硬度
延展性	延展率
...	...

2. 几何属性

几何属性与属性参数列表如表 3-23 所示。

表 3-23 几何属性与属性参数列表

几 何 属 性	属 性 参 数
点	坐标
线(一维占空性)	长度
面(二维占空性)	面积
体(三维占空性)	体积
夹角	角度
平行	平行度
垂直	垂直度
相交	交点值(坐标)
相切	切点值(坐标)
同心/同轴	同心度/同轴度
等分	等分度
等边	等边度
等腰	等腰度
对称	对称度
平顺	平顺度
光滑	光滑度
…	…

3. 化学属性

化学属性与属性参数列表如表 3-24 所示。

表 3-24 化学属性与属性参数列表

化 学 属 性	属 性 参 数
金属性	金属度
非金属性	非金属度
热稳定性	热稳定度
脱水性	脱水率
酸性	酸度
碱性	碱度
稳定性	稳定度

续表

化 学 属 性	属 性 参 数
电离性	电离度
水解性	水解度
氧化性	氧化度
耐腐蚀性	耐腐蚀度
耐热性	耐热度
活泼性	活泼度
催化性	催化度
可降解性	可降解度
...	...

4. 工艺属性

工艺属性与属性参数列表如表 3-25 所示。

表 3-25　工艺属性与属性参数列表

工 艺 属 性	属 性 参 数
可制造性	可制造度
可焊接性	可焊接度
可分割性	可分割度
可切削性	可切削度
可抛光性	可抛光度
可修补性	可修补度
可编织性	可编织度
可压缩性	可压缩度
可扭曲性	可扭曲度
可弯折性	可弯折度
可拉伸性	可拉伸度
可粉碎性	可粉碎度
回弹性	回弹率
可回收性	可回收率
可再生性	可再生率
...	...

5. 材料属性

材料属性与属性参数列表如表 3-26 所示。

表 3-26　材料属性与属性参数列表

材 料 属 性	属 性 参 数
弹性变形	弹性模量
物质单位体积质量比	质量密度
抗剪性	抗剪模量
横向与纵向变形量比	泊松比量
表面张力	张力强度
屈服性	屈服强度
热扩张性	热扩张系数
放射性	放射度
热脆性	热脆度
冷脆性	冷脆度
平整性	平整度
变色性	变色度
折射性	折射率
黏性	黏度
易碎性	易碎度
感光性	感光度
…	…

6. 生物属性

生物属性与属性参数列表如表 3-27 所示。

表 3-27　生物属性与属性参数列表

生 物 属 性	属 性 参 数
呼吸性	呼吸率
厌氧性	厌氧度
遗传性	遗传率
反射性	反射度
反馈性	反馈度
趋光性	趋光率
环境敏感性	环境敏感度

续表

生 物 属 性	属 性 参 数
自修复性	自修复度
光合性	光合度
呼吸性	呼吸节拍
毒性(生物有害性)	生物有害度
代谢性	代谢率
排泄性	排泄率
遗传变异性	遗传变异度
蛋白质变性	蛋白质变度
…	…

7. 场属性

场属性与属性参数列表如表 3-28 所示。

表 3-28　场属性与属性参数列表

场 属 性	属 性 参 数
振动	频率/振幅
声场	音量/杜比
热场	温度
辐射场/辐射性	辐射强度
电场	电场强度
磁场	磁场强度
电磁场	电磁频率/电场强度/磁感应强度/无线电干扰场强
光场	光照/照度
光子基本性质(如自旋、宇称、动量和角动量、能量等)	与自旋、宇称、动量、角动量、能量等相对应的测量参数
化学场(如气味)	浓度
…	…

8. 位置属性

位置属性是指系统中的某个组件与其他组件的相对位置。系统中组件之间的相对位置信息反映了系统的结构，因而位置属性也是很重要的解题资源。位置属性与属性参数列表如表 3-29 所示。

表 3-29　位置属性与属性参数列表

位 置 属 性	属 性 参 数
坐标	坐标值/经纬度
前面	相对位置/距离
后面	相对位置/距离
左边	相对位置/距离
右边	相对位置/距离
上面	相对位置/距离
下面	相对位置/距离
…	…

由于物质的属性与参数是最直观、最本质的解题资源，识别与挖掘出更多的物质属性与参数意味着可以提供更多的解题抓手。因此，资源分析主要是对物质的属性与参数进行分析。

3.5.3　基于属性与属性参数的资源分析

资源分析是对系统的资源进行全面梳理，寻找可用资源的分析过程。

基于属性与属性参数的资源分析流程如图 3-24 所示，包括：

(1) 确定问题模型(例如技术矛盾/物理矛盾)。

(2) 确定解题所涉及的系统组件或超系统组件。

(3) 分析并列出解题相关组件的属性及其参数(解题资源)。利用这些解题资源，可以直接运用创新原理解题，也可以运用技术矛盾与矛盾矩阵解题，还可以运用物理矛盾与分离原理解题。

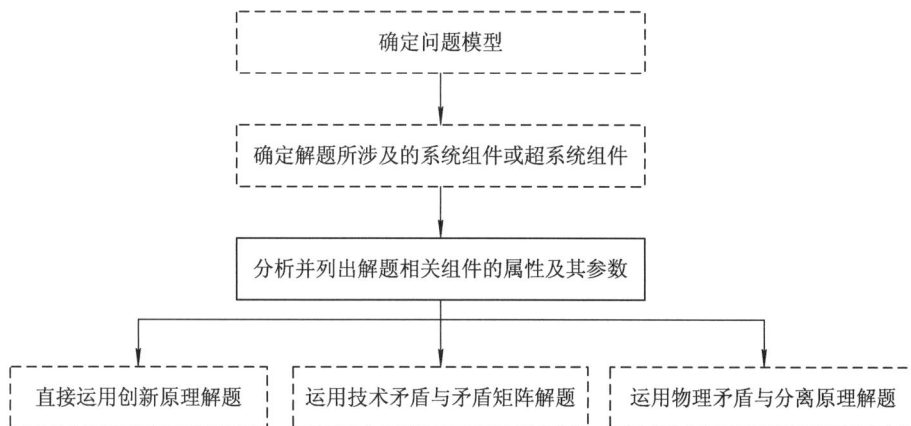

图 3-24　基于属性与属性参数的资源分析流程

案例 3.14：眼镜的资源分析

(1) 确定问题模型。

眼镜佩戴过程中镜片黏附灰尘等异物，常规的解决方案是经常擦拭(例如用纸巾或眼镜布等)镜片，但是频繁擦拭镜片会增加镜片磨花程度。

物理矛盾模型：

　擦拭镜片的次数　 需要 　多　 ，因为 　镜片附着的异物少　 ；

但是

　擦拭镜片的次数　 需要 　少　 ，因为 　减少镜片磨花程度　 。

(2) 确定解题所涉及的系统组件或超系统组件。

解题所涉及的系统组件为镜片，超系统组件为异物、擦拭物、擦拭力、空气。

(3) 分析并列出解题相关组件的属性及其参数(解题资源)。

列出相关组件的属性及其参数，如表 3-30 所示。表 3-30 中未给出组件的详细参数信息，读者可自行填写。

表 3-30　属性与属性参数列表

属性类别	属性	属性参数	镜片	异物	擦拭物	擦拭力	空气
位置属性	坐标	坐标值/经纬度					
	前面	相对位置/距离					
	后面	相对位置/距离					
	左边	相对位置/距离					
	右边	相对位置/距离					
	上面	相对位置/距离					
	下面	相对位置/距离					
	…	…					
物理属性	致密性	密度					
	颜色	颜色值，色度					
	溶化性	熔点					
	沸腾性	沸点					
	抗变形性	强度					
	透光性	透光度					
	导热性	导热率					
	导电性	电导率					
	吸水性	吸水率					
	挥发性	挥发率					
	导磁性	磁导率					

属性类别	属性	属性参数	镜片	异物	擦拭物	擦拭力	空气
物理属性	磁化性	磁化率					
	分子热运动性	温度					
	抗压入性	硬度					
	延展性	延展率					
	...	...					
几何属性	点	坐标					
	线	长度					
	面	面积					
	体	体积					
	夹角	角度					
	平行	平行度					
	垂直	垂直度					
	相交	交点值(坐标)					
	相切	切点值(坐标)					
	同心/同轴	同心度/同轴度					
	等分	等分度					
	等边	等边度					
	等腰	等腰度					
	对称	对称度					
	平顺	平顺度					
	光滑	光滑度					
	...	...					
化学属性	金属性	金属度					
	非金属性	非金属度					
	热稳定性	热稳定度					
	脱水性	脱水率					
	酸性	酸度					
	碱性	碱度					
	稳定性	稳定度					
	电离性	电离度					

续表二

属性类别	属性	属性参数	镜片	异物	擦拭物	擦拭力	空气
化学属性	水解性	水解度					
	氧化性	氧化度					
	耐腐蚀性	耐腐蚀度					
	耐热性	耐热度					
	活泼性	活泼度					
	催化性	催化度					
	可降解性	可降解度					
	…	…					
工艺属性	可制造性	可制造度					
	可焊接性	可焊接度					
	可分割性	可分割度					
	可切削性	可切削度					
	可抛光性	可抛光度					
	可修补性	可修补度					
	可编织性	可编织度					
	可压缩性	可压缩度					
	可扭曲性	可扭曲度					
	可弯折性	可弯折度					
	可拉伸性	可拉伸度					
	可粉碎性	可粉碎度					
	回弹性	回弹率					
	可回收性	可回收率					
	可再生性	可再生率					
	…	…					
材料属性	弹性变形	弹性模量					
	物质单位体积质量比	质量密度					
	抗剪性	抗剪模量					
	横向与纵向变形量比	泊松比量					

属性类别	属性	属性参数	镜片	异物	擦拭物	擦拭力	空气
材料属性	表面张力	张力强度					
	屈服性	屈服强度					
	热扩张性	热扩张系数					
	放射性	放射度					
	热脆性	热脆度					
	冷脆性	冷脆度					
	平整性	平整度					
	变色性	变色度					
	折射性	折射率					
	黏性	黏度					
	易碎性	易碎度					
	感光性	感光度					
	…	…					
场属性	振动	频率/振幅					
	声场	音量/杜比					
	热场	温度					
	辐射场/辐射性	辐射强度					
	电场	电场强度					
	磁场	磁场强度					
	电磁场	电磁频率/电场强度/磁感应强度/无线电干扰场强					
	光场	光照/照度					
	光子基本性质(如自旋、宇称、动量和角动量、能量等)	与自旋、宇称、动量、角动量、能量等相对应的测量参数					
	化学场(如气味)	浓度					
	…	…					

练习 3.14：资源分析

基于属性及其参数分析身边某个熟悉的物品的资源，例如以矿泉水瓶为例基于属性及其参数分析其资源。

3.5.4 基于九屏幕法的资源分析

1. 九屏幕法的概念

九屏幕法是一种按照时间和系统两个维度分析解题资源的方法。根据系统、子系统、超系统在不同时间段的形态，运用九屏幕法可以系统、动态、全面地分析资源。

九屏幕法的结构如图 3-25 所示。

(1) 列：从系统、子系统、超系统三个角度分析资源；

(2) 行：从现在、过去、未来三个角度分析资源；

(3) 三列与三行的组合构成九屏幕。

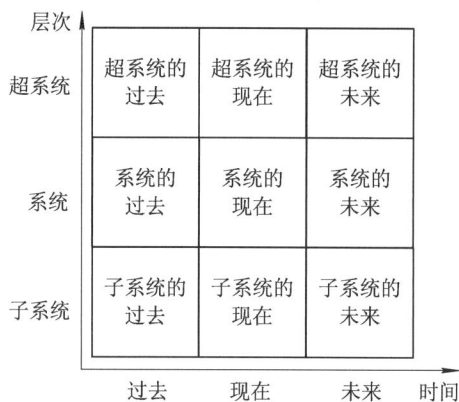

图 3-25 九屏幕法的结构示意图

2. 确定系统、子系统、超系统

(1) 确定系统。

根据当前项目目标要执行的功能确定系统(系统的现在)。

案例 3.15：确定眼镜系统

如图 3-26 所示的眼镜的主要功能为折射光线，以此确定系统为眼镜。为了方便确定系统的过去与未来，建议将系统写为"眼镜(折射光线)"。

图 3-26 眼镜示意图

练习 3.15：确定系统

根据身边某个熟悉的物品的主要功能确定系统，例如以矿泉水瓶为例根据主要功能确定系统。

(2) 确定子系统。

根据系统的某个组件确定子系统。由于系统包括多个组件，因此存在多个子系统，根据需要解决的问题选择合适的子系统。

确定子系统的方法可以借助 2.3.2 小节组件分析的组件列表。

案例 3.16：确定眼镜的子系统

眼镜的组件列表如表 3-31 所示。

表 3-31　眼镜组件列表

所研究系统	系统组件	超系统组件
眼镜(折射光线)	镜片	光线
	镜框	人-眼
	镜腿	人-鼻
	鼻托	人-耳
	转轴(连接镜腿和镜框)	异物(吸附在镜片表面的颗粒)
	螺丝(连接镜框和鼻托)	空气

根据组件列表可知，眼镜的组件包括镜片、镜框、镜腿、鼻托、转轴、螺丝。

根据需要解决的问题(如何解决频繁擦拭镜片上的异物导致镜片磨花的问题)选择"镜片(树脂镜片)"作为子系统(目前市面上主流镜片是树脂镜片)。

练习 3.16：确定子系统

根据身边某个熟悉的物品需要解决的问题选择子系统，例如以矿泉水瓶为例确定子系统。

(3) 确定超系统。

根据系统的某一个或多个超系统组件确定超系统。系统的超系统有很多个，根据需要解决的问题选择合适的超系统。

确定超系统的方法可以借助 2.3.2 小节组件分析的组件列表。

案例 3.17：确定眼镜的超系统

根据组件列表可知，眼镜的超系统组件包括人-眼、人-鼻、人-耳，这些都是与佩戴眼镜相关联的人体的一部分。

根据需要解决的问题选择"戴着眼镜的人"作为超系统。

练习 3.17：确定超系统

根据身边某个熟悉的物品需要解决的问题选择超系统，例如以矿泉水瓶为例确定超系统。

3. 确定现在、过去、未来

(1) 确定现在。

根据系统、子系统和超系统当前的状态确定系统的现在、子系统的现在和超系统的现在。

案例 3.18：确定眼镜的现在

确定系统(眼镜)的现在：眼镜。

确定子系统(树脂镜片)的现在：树脂镜片。

确定超系统(戴着眼镜的人)的现在：戴着眼镜的人。

练习 3.18：确定现在

根据身边某个熟悉的物品确定系统的现在、子系统的现在和超系统的现在，例如以矿泉水瓶为例确定系统的现在、子系统的现在和超系统的现在。

(2) 确定过去。

根据系统、子系统和超系统最初或之前的形态确定系统的过去、子系统的过去和超系统的过去。

案例 3.19：确定眼镜的过去

确定系统(眼镜)的过去：放大镜。

确定子系统(镜片)的过去：玻璃镜片。

确定超系统(戴着眼镜的人)的过去：没有佩戴眼镜的人。

练习 3.19：确定过去

根据身边某个熟悉的物品确定系统的过去、子系统的过去和超系统的过去，例如以矿泉水瓶为例确定系统的过去、子系统的过去和超系统的过去。

(3) 确定未来。

根据系统、子系统和超系统未来的形态确定系统的未来、子系统的未来和超系统的未来。

案例 3.20：确定眼镜的未来

以眼镜为例。

确定系统(眼镜)的未来：仿生晶体系统(将仿生晶体植入眼球)。

确定子系统(镜片)的未来：仿生晶体。

确定超系统(戴着眼镜的人)的未来：眼球植入了仿生晶体的人。

练习 3.20：确定未来

确定身边某个熟悉的物品系统的未来、子系统的未来和超系统的未来，例如以矿泉水瓶为例确定系统的未来、子系统的未来和超系统的未来。

4. 九屏幕法分析资源的流程

运用九屏幕法分析资源的流程如图 3-27 所示。

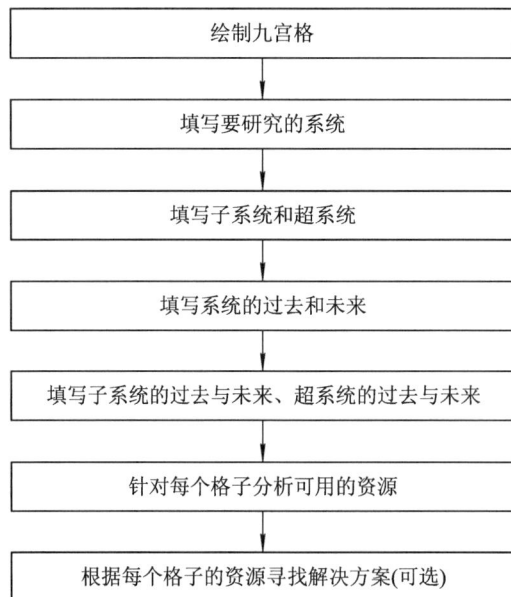

图 3-27   运用九屏幕法分析资源的流程图

案例 3.21：运用九屏幕法分析眼镜的资源

眼镜的关键问题为：如何解决频繁擦拭镜片上的异物导致镜片磨花的问题。根据九屏幕法分析资源的流程寻找解决关键问题的资源。

(1) 绘制九宫格，如图 3-28 所示。

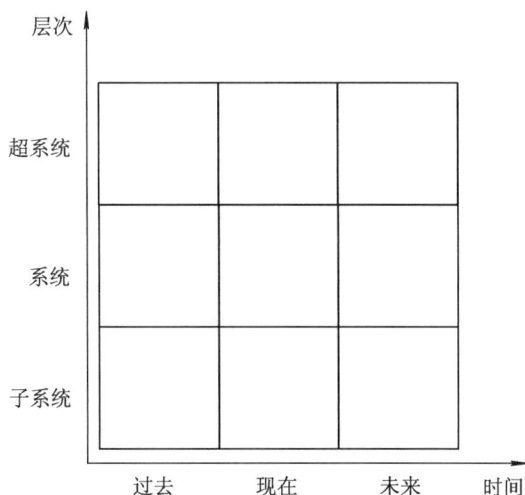

图 3-28　九屏幕法空白九宫格

(2) 填写要研究的系统。

眼镜的主要功能为折射光线，以此确定系统为"眼镜(折射光线)"。将"眼镜(折射光线)"填入相应的空白格子中，如图 3-29 所示。

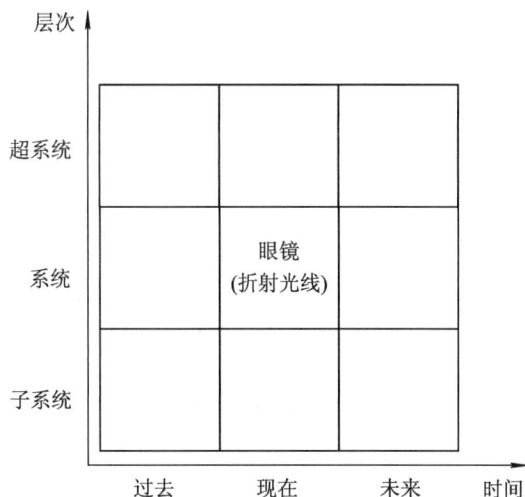

图 3-29　填写系统现在的九宫格

(3) 填写系统的子系统和超系统。

根据表 3-31 可知，眼镜的组件包括镜片、镜框、镜腿、鼻托、转轴、螺丝。根据需要解决的问题选择 "树脂镜片"作为子系统(案例 3.16)，将"树脂镜片"填入相应的空白格子中。

根据表 3-31 可知，眼镜的超系统组件包括人-眼、人-鼻、人-耳，这些都是与佩戴眼镜相关联的人体的一部分。根据需要解决的问题选择"戴着眼镜的人"作为超系统(案例3.17)，将"戴着眼镜的人"填入相应的空白格子中。如图 3-30 所示。

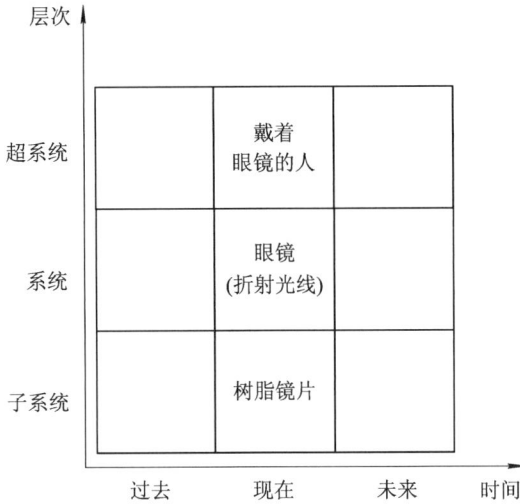

图 3-30   填写系统、超系统和子系统的九宫格

(4) 填写系统的过去与未来。

确定系统(眼镜)的过去：放大镜(案例 3.19)。

确定系统(眼镜)的未来：仿生晶体系统(将仿生晶体植入眼球)(案例 3.20)。

将系统的过去与未来分别填入相应的空白格子中，如图 3-31 所示。

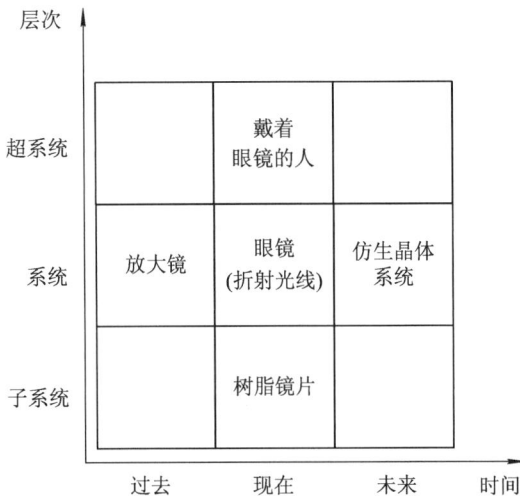

图 3-31   填写系统过去和未来的九宫格

(5) 填写子系统的过去与未来、超系统的过去与未来。

确定子系统(树脂镜片)的过去：玻璃镜片(案例 3.19)。

确定子系统(树脂镜片)的未来：仿生晶体(案例 3.20)。

确定超系统(戴着眼镜的人)的过去：没有佩戴眼镜的人(案例 3.19)。

确定超系统(戴着眼镜的人)的未来：眼球植入仿生晶体的人(案例 3.20)。

将超系统的过去与未来、子系统的过去与未来分别填入相应的空白格子中，得到九屏幕，如图 3-32 所示。

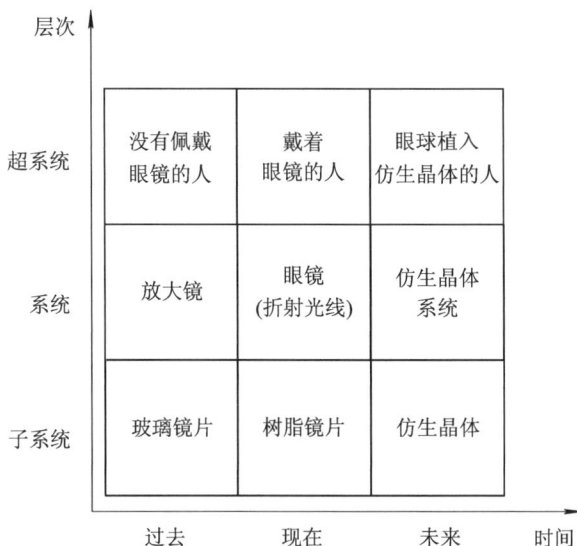

图 3-32　眼镜的九屏幕

(6) 针对每个格子分析可用资源。

分析系统现在(眼镜)的可用资源：眼镜的属性资源。

分析系统过去(放大镜)的可用资源：放大镜的属性资源。

分析系统未来(仿生晶体系统)的可用资源：仿生晶体系统的属性资源。

分析子系统现在(树脂镜片)的可用资源：树脂镜片的属性资源。

分析子系统过去(玻璃镜片)的可用资源：玻璃镜片的属性资源。

分析子系统未来(仿生晶体)的可用资源：仿生晶体的属性资源。

分析超系统现在(戴着眼镜的人)的可用资源：戴着眼镜的人的属性资源。

分析超系统过去(没有佩戴眼镜的人)的可用资源：没有佩戴眼镜的人的属性资源。

分析超系统未来(仿生晶体植入眼球的人)的可用资源：眼球植入仿生晶体的人的属性资源。

具体的属性资源分析可参照表 3-30 进行。

(7) 根据每个格子的资源寻找解决方案(可选步骤)。

通过九屏幕每个格子中组件的可用资源寻找解决方案，构成表 3-32 所示的解决方案列表(示例)。读者可对表 3-32 进行补充。

表 3-32　运用九屏幕法得到解决方案列表(示例)

九屏幕	可用资源	解决方案
系统的现在：眼镜折射光线		
系统的过去：放大镜		
系统的未来：仿生晶体系统	仿生晶体系统的功能	采用仿生晶体系统替代实体眼镜
子系统的现在：树脂镜片	树脂的耐磨性	在树脂中添加耐磨材料形成耐磨的复合镜片材料
子系统的过去：玻璃镜片		
子系统的未来：仿生晶体	仿生晶体材料的折射性	仿生晶体附着到晶状体表面，用以调整眼球晶状体的焦距
超系统的现在：戴着眼镜的人	眼镜的可再生性	经常取下眼镜进行轻度擦拭，避免异物堆积
超系统的过去：没有佩戴眼镜的人	眼镜的位置属性	在没有佩戴眼镜时将眼镜放入专用容器保存
超系统的未来：眼球植入仿生晶体的人	仿生晶体的可再生性	通过眼药水、眼泪和眼球运动保持仿生晶体的清晰度

练习 3.21：运用九屏幕法分析资源

运用九屏幕法分析身边某个熟悉的物品的可用资源，例如以矿泉水瓶为例运用九屏幕法分析可用资源。

3.6　理想最终解

3.6.1　理想最终解的定义

理想度用于度量系统的有用功能与有害功能(包括成本和有害因素)的综合效益。理想度的计算公式为

$$理想度 = \frac{\sum 系统带来的有利因素}{\sum 成本 + \sum 系统带来的有害因素}$$

根据理想度的计算公式，可以从以下三个角度增加理想度：

(1) 增加系统带来的有利因素；

(2) 降低成本；

(3) 减少系统带来的有害因素。

理想系统是指理想度为无穷大的系统，即系统带来的有利因素(或有用的功能)达到无

穷大或成本与系统带来的有害因素都为零。实际上理想系统是无法实现的，但可以无限接近。无限接近理想系统是系统的进化方向。

理想最终解是指发明问题的理想解决方案，此时系统完全消除了问题，没有让系统的参数发生恶化，而且对系统的改变最小。

理想最终解的四个要求：

(1) 保持有用功能且消除有害因素；

(2) 没有引入新的有害因素；

(3) 没有让系统变得更加复杂；

(4) 对现有系统做最小化改变。

3.6.2　使用理想最终解评估解决方案

理想最终解的四个要求可用于评估解决方案的优劣。

评估的原则与评分标准可以根据所要求创新性的强弱进行设置。如果要求创新性强，则可以参照以下评估的原则和评分标准：

(1) 保持有用功能且消除有害因素，评分为 3；

(2) 没有引入新的有害因素，评分为 2；

(3) 没有让系统变得更加复杂，评分为 1；

(4) 对现有系统做最小化改变，评分为 0。

根据上述原则对各解决方案进行评分和排序，得到排序的解决方案列表。

案例 3.22：使用理想最终解评估眼镜问题的解决方案

将 3.2 节得到的解决方案列表(表 3-2)、3.3 节得到的解决方案列表(表 3-11)和 3.4 节得到的解决方案列表(表 3-13、表 3-15、表 3-17、表 3-19、表 3-21)进行汇总，得到运用创新原理得到的解决方案汇总，同时对解决方案进行评分与排序，结果如表 3-33 所示(示例)。

表 3-33　运用创新原理得到的解决方案汇总表(示例)

序号	解　决　方　案	保持有用功能且消除有害因素	没有引入新的有害因素	没有让系统变得更加复杂	对现有系统做最小化改变	评分
1	异物严重影响视线时先用气流吹走部分异物，再擦拭	√	√	√	√	6
2	将单块的大擦拭物分割成多块连接的小擦拭物	√	√	√	√	6
3	使用可替换的镜片，磨花后替换	√	√		√	5
4	擦拭镜片时在镜片的不同位置施加不同的压力，例如附着大量异物的镜片区域施加较小的压力	√	√		√	5
5	擦拭附着大量异物的镜片区域或大颗粒异物时将力的方向由与镜片垂直方向改成与镜片水平方向	√	√		√	5

序号	解 决 方 案	保持有用功能且消除有害因素	没有引入新的有害因素	没有让系统变得更加复杂	对现有系统做最小化改变	评分
6	将擦拭镜片的压力改为吸力	√	√		√	5
7	在异物接触镜片的方向喷液体以降低镜片的摩擦系数	√	√		√	5
8	镜片表面分为附着大量异物区域和附着少量异物区域,在附着大量异物区域增加擦拭次数,在附着少量异物区域减少擦拭次数	√	√		√	5
9	在容易附着大量异物的镜片区域采用高抗磨损硬度的镜片材质	√	√			5
10	使用水振动清洁镜片或超声波振动清洁镜片	√	√			5
11	采用耐磨的复合材料制作镜片	√	√			5
12	采用不易吸附异物的复合材料制作镜片	√	√			5
13	眼镜不用时将眼镜放到专用保护壳里	√		√	√	4
14	备用一副眼镜	√		√	√	4
15	擦拭物采用大孔隙的材料	√		√	√	4
16	采用具有黏性的擦拭物进行粘贴擦拭(与镜片垂直的方向)	√		√	√	4
17	将镜片从眼镜中抽取出来,制作成隐形眼镜	√		√		4
18	在镜片上设置多层透明膜,有异物后撕掉最外层透明膜	√			√	3
19	将仿生晶体植入眼球取代眼镜	√				3
20	一个眼镜包含多组可变换的镜片,当某一组镜片吸附异物后变换至另一组干净的镜片	√				3

练习 3.22：使用理想最终解评估解决方案

使用理想最终解评估练习 3.1、练习 3.5 和练习 3.13 得到的解决方案。

3.7　本　章　小　结

　　本章讲述如何运用创新原理对关键问题进行求解。首先介绍 40 个创新原理及创新原理的应用方法，其次介绍运用技术矛盾与矛盾矩阵、物理矛盾与分离原理等问题解决工具得到解决方案的方法，然后介绍资源类型、属性与属性参数、九屏幕法等资源分析工具，最后使用理想最终解评估解决方案。

　　从发明专利中归纳总结出的 40 个创新原理，可以用于解决各行各业的发明问题。创新原理的应用有三种方法：将 40 个创新原理直接应用于关键问题寻找解决方案；应用技术矛盾与矛盾矩阵推荐的创新原理寻找解决方案；应用物理矛盾与分离原理推荐的创新原理寻找解决方案。3.2 节设置了 1 个直接运用创新原理解题的练习。

　　技术矛盾是指采用某种常规的方法解决问题，改善一个参数的同时会恶化另一个参数。技术矛盾的解题过程是将技术矛盾中的行业参数转化为通用参数，根据通用参数的技术矛盾模型查询阿奇舒勒矛盾矩阵，得到被推荐的创新原理并以此寻找解决方案。技术矛盾的输入是关键问题，输出是技术矛盾模型和基于推荐的创新原理产生的解决方案。技术矛盾与矛盾矩阵的价值：将各行各业的参数总结为 39 个通用参数，从而将各行各业的技术矛盾限定在 39×39 的矛盾矩阵中，给出了一种快速解决技术矛盾的思路。3.3 节设置了技术矛盾模型、通用参数、查询阿奇舒勒矛盾矩阵、利用矛盾矩阵解决技术矛盾共 4 个练习。

　　物理矛盾是指针对一个对象的同一个物理参数具有两个相反且合理的需求。物理矛盾的解题方法主要是分离矛盾需求。分离矛盾需求包括空间分离、时间分离、对象分离、方向分离、系统级别分离。物理矛盾的输入是技术矛盾模型或常规方案有约束条件的关键问题，输出包括物理矛盾模型、基于分离原理或满足矛盾需求或绕过矛盾需求相关的创新原理所产生的解决方案。物理矛盾的价值：物理矛盾对同一参数提出两种相反的需求，可看作是对技术矛盾的严谨表达，对问题的描述更准确；从空间、时间、对象、方向和系统层次结构等角度分离需求发生的条件，有启示地应用创新原理，快速地找到解决问题的思路。3.4 节设置了物理矛盾模型、技术矛盾模型与物理矛盾模型相互转换及分别运用空间分离、时间分离、对象分离、方向分离、系统级别分离、分离原理解决物理矛盾共 8 个练习。

　　资源是一切可被人类开发利用的物质、能量、信息及其属性的统称。物质属性是资源中最直观、最本质地表示某物质明显区别于其他物质的必然的、不可分离的性质。物质的属性可分为物理属性、几何属性、化学属性、工艺属性、材料属性、生物属性、场属性和位置属性。TRIZ 的基本解题原则是利用组件现有的资源解决问题。基于属性与参数的资源分析步骤：确定问题模型(技术矛盾或物理矛盾)；确定解题所涉及的系统组件或超系统组件；分析并列出解题相关组件的属性及其参数(解题资源)；将解题资源用于直接运用创新原理解题、运用技术矛盾与矛盾矩阵解题、运用物理矛盾与分离原理解题。九屏幕法是一种按照时间和系统两个维度分析解题资源的方法。基于九屏幕法的资源分析根据系统、子系统、超系统在不同时间段的形态，系统、动态、全面地分析资源。3.5 节设置了资源分析、确定系统、确定子系统、确定超系统、确定现在、确定过去、确定未来、运用九屏幕法分析资源共 8 个练习。

理想度是从技术角度对系统的有用功能与成本和有害功能之间综合效益进行的一种度量。理想系统是指理想度为无穷大的系统,即系统带来的有利因素达到无穷大或使用成本与系统带来的有害因素都为零。理想最终解是指发明问题的理想解决方案,此时系统完全消除了问题,没有让系统的参数发生恶化,而且对系统的改变最小。理想最终解的四个要求:保持有用功能且消除有害因素;没有引入新的有害因素;没有让系统变得更加复杂;对现有系统做最小化改变。理想最终解的四个要求可用于评估解决方案的优劣。3.6 节设置了 1 个使用理想最终解评估解决方案的练习。

本章的基本学习要点如下:

(1) 熟悉创新原理;

(2) 掌握技术矛盾的概念;

(3) 熟悉构建技术矛盾模型的方法;

(4) 熟悉通用参数的转换方法;

(5) 熟悉阿奇舒勒矛盾矩阵的使用方法;

(6) 熟悉运用矛盾矩阵解决技术矛盾的流程;

(7) 掌握物理矛盾的概念;

(8) 熟悉物理矛盾模型的构建方法;

(9) 熟悉技术矛盾模型与物理矛盾模型的相互转换方法;

(10) 掌握解决物理矛盾的各种分离原理;

(11) 熟悉运用分离原理解决物理矛盾的流程;

(12) 掌握资源分析的定义;

(13) 掌握资源的类型;

(14) 掌握属性与参数;

(15) 熟悉基于属性与参数的资源分析方法;

(16) 熟悉基于九屏幕法的资源分析方法;

(17) 掌握理想最终解的定义;

(18) 掌握使用理想最终解评估解决方案的方法。

第 4 章　运用 How to 模型解题

4.1　概　　述

本章讲述如何运用 How to 模型对关键问题进行求解。How to 模型是一般化的功能模型。运用 How to 模型解题，需要先将关键问题转化为一般化的功能模型，再运用功能导向搜索、科学效应库等问题解决工具。如图 4-1 所示为运用 How to 模型解决关键问题的流程。

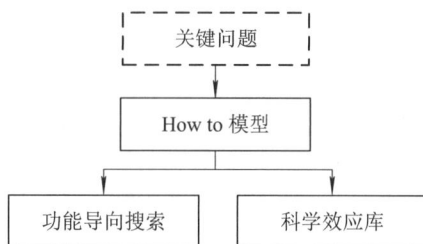

```
┌ ─ ─ ─ ─ ─ ─ ┐
      关键问题
└ ─ ─ ─ ─ ─ ─ ┘
         │
         ▼
┌──────────────┐
│  How to 模型  │
└──────────────┘
     │      │
     ▼      ▼
┌──────────┐  ┌──────────┐
│ 功能导向搜索 │  │ 科学效应库 │
└──────────┘  └──────────┘
```

图 4-1　运用 How to 模型解决关键问题的流程

4.2　功能导向搜索

4.2.1　功能导向搜索的概念

功能导向搜索是将用行业语言描述的具体功能转化为一般化的功能，再检索一般化的功能，从其他领域寻找解决方案的解题模式。

TRIZ 创始人根里奇·阿奇舒勒在研究全世界的专利时，发现许多专利中所使用的解决方案其实在其他的领域中出现并被应用过。因此存在一种场景：在当前领域遇到的难题，不但在其他领域出现过，而且在其他领域得到解决并具有成熟的解决方案。但是，由于个人的知识与经验有限，不知道其他领域已经有成熟的解决方案。

在当前领域，人们花费大量时间和精力研究出一种全新的解决方案，通常会出现一个很大的疑问：这种解决方案是否可行？在当前领域，这是一个全新解决方案。由于对全新解决方案了解不多，不清楚全新解决方案是否容易实施，因此存在着很大的不确定性，实施风险大。但是，如果知道这种全新的解决方案已经在其他领域具有成熟的应用，那么就可能很容易地对这种解决方案进行移植，用于解决当前领域的问题。

运用功能导向搜索的好处：

(1) 从其他领域寻找成熟的解决方案解决本领域的问题，而不是从零开始去解决问题，因此获得解决方案的难度低。

(2) 尽管在本领域是全新的解决方案，但是该解决方案在其他领域已经得到成熟应用，因此在本领域实施全新方案的风险低。

(3) 功能导向搜索是检索一般化的功能，从其他领域寻找解决方案的解题模式，因此可以从其他领域找到更优的解决方案。

4.2.2　功能的一般化

由 2.2.3 小节功能的定义可知，功能的表达方式为"主语＋谓语＋宾语"结构，其中主语为功能载体，宾语为功能受体，谓语为功能载体对功能受体执行的动作。例如，扫帚的功能是去除地面上的灰尘；牙刷的功能是去除附着在牙齿上的牙垢；眼镜布的功能是去除附着在镜片上的异物。如果按照"扫帚去除地面上的灰尘""牙刷去除附着在牙齿上的牙垢""眼镜布去除附着在镜片上的异物"进行搜索，很难找到其他领域的解决方案，因为搜索关键词限定了在"扫帚""牙刷""眼镜布"行业内寻找。

为了打破专业或行业的限制，需要将功能做一般化处理。

功能的一般化处理分为两个步骤：

步骤 1：将"主语"(功能载体)去掉。例如将"牙刷去除附着在牙齿上的牙垢"改为"去除附着在牙齿上的牙垢"，将"扫帚去除地面上的灰尘"改为"去除地面上的灰尘"，将"眼镜布去除附着在镜片上的异物"改为"去除附着在镜片上的异物"。

步骤 2：将"宾语"(功能受体)做上位处理。例如将"地面的灰尘"上位为"表面的微粒"，"牙齿上的牙垢"上位为"表面的微粒"，"镜片上的异物"上位为"表面的微粒"。

"去除地面上的灰尘"可以一般化为"去除表面的微粒"，"去除附着在牙齿上的牙垢"可以一般化为"去除表面的微粒"，"去除附着在镜片上的异物"可以一般化为"去除表面的微粒"，如图 4-2 所示。也就是说，不同行业的功能转化为一般化的功能后变成了相同的功能。因此，一般化的功能可作为跨行业的通用语言。

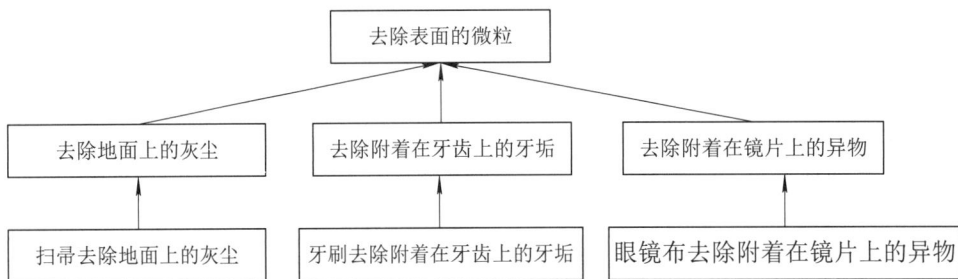

图 4-2　功能的一般化示意图

一般化的功能"去除表面的微粒"在很多领域都是存在的。例如，半导体领域的"蚀刻技术"是去除半导体衬底表面的一层材料；考古时需要"去除文物表面的灰尘"以恢复文物本来的面貌；医学领域的"洗牙"是去除牙齿表面的污垢。这些不同领域看似不同的功能都可以一般化为"去除表面的微粒"。

4.2.3　领先领域

搜索"一般化的功能"可以得到很多行业的解决方案。如何从这些行业中寻找到更好的解决方案呢？答案是选择比当前行业要求更加关键或严苛的领域。比当前行业要求更加关键或严苛的领域称为领先领域。

目前公认的领先领域有医学、精密制造、航空航天等领域。例如手术室的杀菌问题、半导体生产中的洁净问题、航空航天的材料问题等，这些问题比一般行业所遇到的问题更加关键或严苛。在领先领域内，为了解决相关问题已经投入了大量的时间、人力和物力，产生了一系列的成熟解决方案。因此，在领先领域中可能存在着当前行业所需要的解决方案。

4.2.4　运用功能导向搜索的解题流程

运用功能导向搜索的解题流程如图 4-3 所示。

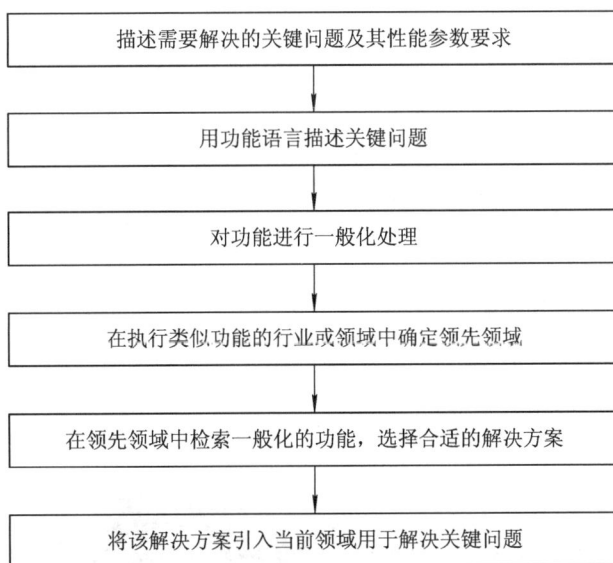

图 4-3　运用功能导向搜索解题的流程图

案例 4.1：运用功能导向搜索解决眼镜问题

(1) 描述需要解决的关键问题及其性能参数要求。

在户外佩戴墨镜可以抵御紫外光、眩光对眼睛的伤害，但是在室内佩戴墨镜存在光线暗的问题。目前的解决方案是在镜片中加入卤化银，制作成可变色的镜片。变色原理是利用卤化银的离子反应：在强光刺激下卤化银分解为银与卤素，镜片颜色变深；在弱光下，银与卤素又结合成卤化银，镜片颜色变浅。因此，加入卤化银的镜片在户外阳光照射下会变为深色，在室内颜色变浅。但是这种镜片的缺点是变色速度慢，在由弱光转换到强光时不能及时阻挡强光/紫外线对眼睛的伤害，在由强光转换为弱光时不能快速恢复光线强度。由此可知，需要解决的关键问题是"如何提高镜片变色速度"。

(2) 用功能语言描述关键问题。

将关键问题"如何提高镜片变色速度"用功能语言描述，即"加快卤化银的分解速度"和"加快银与卤素的结合速度"。

(3) 对功能进行一般化处理。

将"加快卤化银的分解速度"和"加快银与卤素的结合速度"去掉行业语言，转化为一般化的功能。卤化银的分解速度、银与卤素的结合速度都属于光反应。因此一般化的功能为"加快光反应速度"。

(4) 在执行类似功能的行业或领域中确定领先领域。

在光反应相关的行业中，胶片行业在光学显像技术上进行了百年的探索，已经在"快速感光"这个关键问题上研发和积累了很多解决方案，因此确定胶片领域为领先领域。

(5) 在领先领域中检索一般化的功能，选择合适的解决方案。

在胶片领域中检索"加快光反应速度"，找到了一种利用光致变色物质快速成型胶片的解决方案。该解决方案利用光致变色物质(如螺吡喃、俘精酸酐等)对光的快速感应性，不仅实现了成像的高分辨率，而且还可以反复录制和消除。

(6) 将该解决方案引入当前领域用于解决关键问题。

将这种感光性敏感的光致变色物质应用到变色镜片中加快光反应速度，即将胶片领域的螺吡喃光致变色物质引入变色镜领域。

解决方案是在镜片表面高速旋涂螺吡喃类化合物(光致变色物质)。由于螺吡喃类化合物具有更好的光响应性且分子结构具有快速开合反转的特性，因此加入螺吡喃类化合物的镜片能够随着光线强弱的变化实现阻挡光线或透射光线的快速切换，从而使得镜片具有更快的变色速度。

变色眼镜示意图如图 4-4 所示。

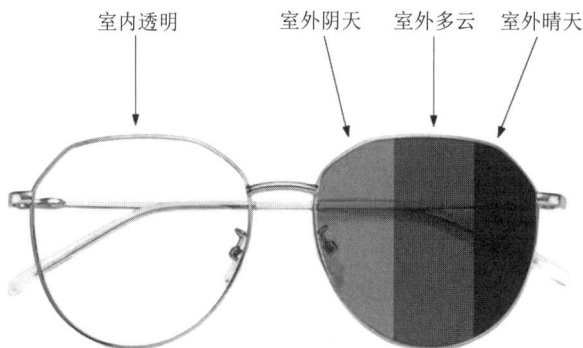

图 4-4   变色眼镜示意图

案例 4.2：运用功能导向搜索解决塑料瓶刚度问题

(1) 描述需要解决的关键问题及其性能参数要求。

塑料瓶是以聚酯、聚乙烯、聚丙烯等为原料，经过高温加热后吹塑或者注塑成型的塑料容器。为了降低塑料瓶的成本，常规解决方案是降低塑料瓶的瓶壁厚度，但是这会导致塑料瓶的刚度和耐弯曲性不足。由此可知，需要解决的关键问题是"如何弥补塑料瓶的瓶壁变薄导致的刚度和耐弯曲性不足"。

(2) 用功能语言描述关键技术问题。

将关键问题"如何弥补塑料瓶的瓶壁变薄导致的刚度和耐弯曲性不足"用功能语言描述，即"提高薄壁塑料瓶的刚度和耐弯曲性"。

(3) 对功能进行一般化处理。

薄壁塑料瓶属于软质材料，刚度和耐弯曲性都属于强度。因此"提高薄壁塑料瓶的刚度和耐弯曲性"去掉行业语言，转化为一般化的功能为"提高软质材料的强度"。

(4) 在执行类似功能的行业或领域中确定领先领域。

在软质材料相关行业中，汽车轮胎行业在轮胎的强度上进行了百年探索，已经在"提高轮胎强度"这个关键问题上研发和积累了很多解决方案，因此确定汽车轮胎领域为领先领域。

(5) 在领先领域中检索一般化的功能，选择合适的解决方案。

在汽车轮胎领域中检索"提高软质材料强度"，找到多种提高轮胎强度的解决方案。这些解决方案包括在胎冠设计凹凸花纹、在胎圈内设计加强筋、在胎内适度充气以增强缓冲等。

(6) 将该解决方案引入当前领域用于解决关键问题。

将这些解决方案应用到薄壁塑料瓶中以提高塑料瓶的强度，即将汽车轮胎领域的"在胎冠设计凹凸花纹、在胎圈内设计加强筋、在胎内适度充气以增强缓冲"引入塑料瓶领域。

解决方案是：

① 在塑料瓶瓶身较细部位表面增加周向凹槽或凸筋，提高瓶身刚度和耐弯曲性。

② 在塑料瓶尖角处、口部螺纹的根部、颈部等部位增加纵向凹槽或加强筋，消除塑料瓶在长期负荷下的偏移、下垂或变形现象。

③ 在塑料瓶内充入一定气体对塑料瓶身进行支撑。

新型薄壁塑料瓶的示意图如图 4-5 所示。

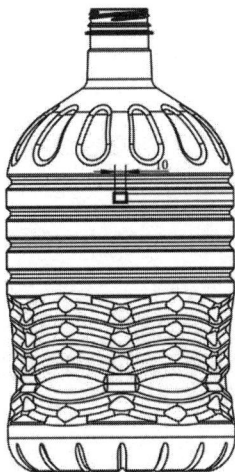

图 4-5 新型薄壁塑料瓶示意图

练习 4.1：运用功能导向搜索解题

针对身边某个熟悉的物品的关键问题运用功能导向搜索解题。

思考 4.1：如果不做功能的一般化处理，能搜索出其他行业的解决方案吗？

4.3 科学效应库

4.3.1 科学效应的概念

科学效应是由某种动因或原因产生的一种特定的科学因果现象。

例如，多普勒效应是指在波源的移动方向上波的频率最高，在波源的非移动方向上波的频率变低，如图 4-6 所示。多普勒效应可应用于多普勒测速仪、多普勒雷达等。

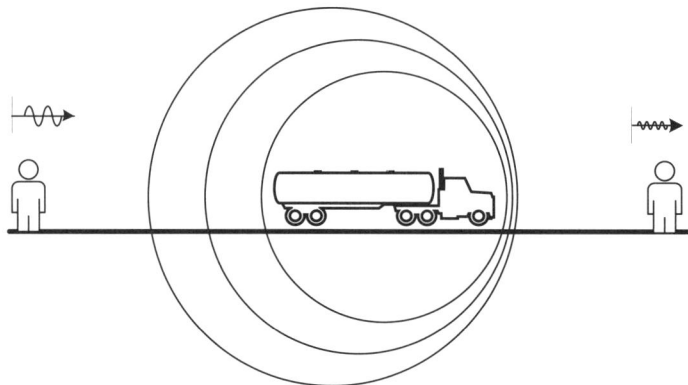

图 4-6 多普勒效应示意图

4.3.2 科学效应的类型

科学效应是从基础科研中发现和提炼出来的，具体分为以下四种类型。

1. 物理效应

物理效应是指在特定条件下，物质或能量通过相互作用产生的特定效应，涉及力学、光学、电磁学、热力学和量子力学等学科。从宏观到微观，从天体到原子，这些效应产生了各种物理现象，无处不在。

2. 化学效应

化学效应是指发生化学反应产生的发光、发热、吸热、固化、液化、气化、变色、沉淀等现象。例如电解效应就是指电流通过电解质溶液时，正负极产生氧化还原反应，造成溶质离子的迁移和分解，产生新的物质的效应。

3. 生物效应

生物效应是指某种外界因素(例如生物物质、化学药品、物理因素等)对生物体产生的影响。例如光合效应就是绿色植物(包括藻类)利用太阳能将二氧化碳和水合成富能有机物，同时释放氧气的过程。

4. 几何效应

几何效应是指物体的形状、大小、位置等几何属性所表现出的特性。例如三角形具有的稳定性属于几何效应，把物体做成三角形就可以保持结构的稳定性。

4.3.3　科学效应库

科学效应库是将物理效应、化学效应、生物效应和几何效应进行汇总构成的一个知识库。在科学效应库中，采用功能语义进行检索式查询，就可以知道实现该功能的很多科学效应。

1. 科学效应库网站

常用的科学效应库网址：http://wbam2244.dns-systems.net/EDB/index.php。

该网站打开后的截图如图 4-7 所示。

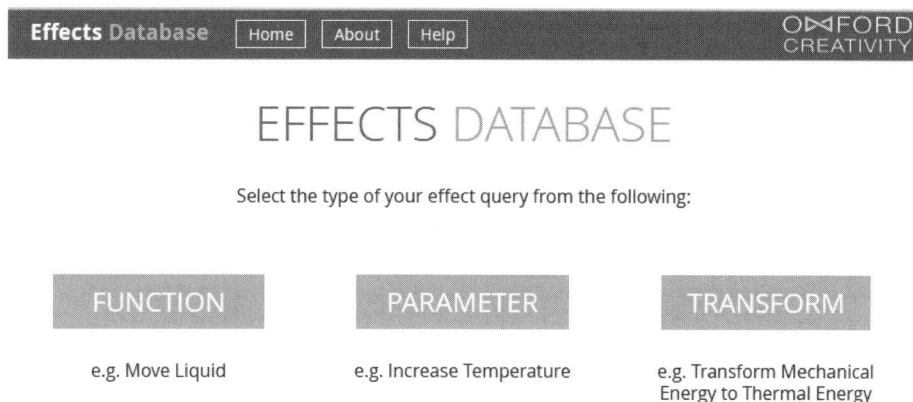

图 4-7　科学效应库网站截图

2. 查询科学效应库的方法

该网站提供了三种查询科学效应库的方法：第一种是功能(FUNCTION)查询方法，第二种是参数(PARAMETER)查询方法，第三种是能量转化(TRANSFORM)查询方法。

1) 采用功能查询：动作 + 对象

可查询的动作(Action)包括：吸收、积累、弯曲、分解、相变、清洁、压缩、集中、浓缩、约束、冷却、沉积、破坏、检测、稀释、干燥、蒸发、膨胀、提取、冷冻、加热、保持、加入、熔化、混合、移动、定向、生产、保护、净化、去除、抵抗、旋转、分离、振动。

可查询的对象(Object)包括：颗粒、场、气体、液体、固体。

结果类型(Results Type)包括：效应、应用、效应与应用。

功能查询界面截图如图 4-8 所示。

举例，查询"Remove Divided Solid" (去除颗粒)，查询结果截图(部分)如图 4-9 所示，显示了 147 个可实现"Remove Divided Solid"的效应与应用。

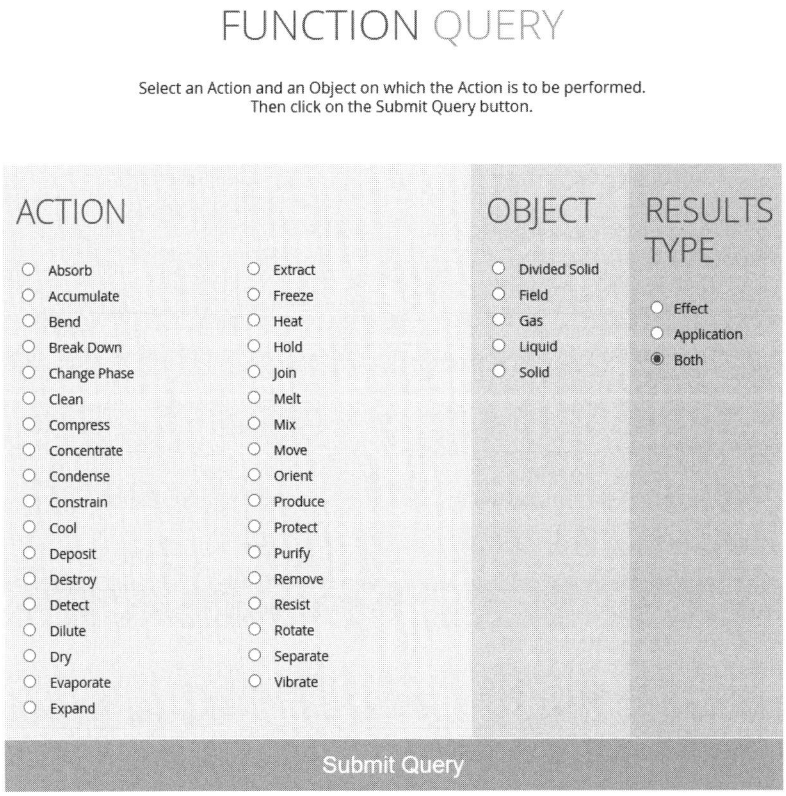

FUNCTION QUERY

Select an Action and an Object on which the Action is to be performed.
Then click on the Submit Query button.

ACTION

- Absorb
- Accumulate
- Bend
- Break Down
- Change Phase
- Clean
- Compress
- Concentrate
- Condense
- Constrain
- Cool
- Deposit
- Destroy
- Detect
- Dilute
- Dry
- Evaporate
- Expand

- Extract
- Freeze
- Heat
- Hold
- Join
- Melt
- Mix
- Move
- Orient
- Produce
- Protect
- Purify
- Remove
- Resist
- Rotate
- Separate
- Vibrate

OBJECT

- Divided Solid
- Field
- Gas
- Liquid
- Solid

RESULTS TYPE

- Effect
- Application
- ● Both

Submit Query

图 4-8　科学效应库的功能查询界面截图

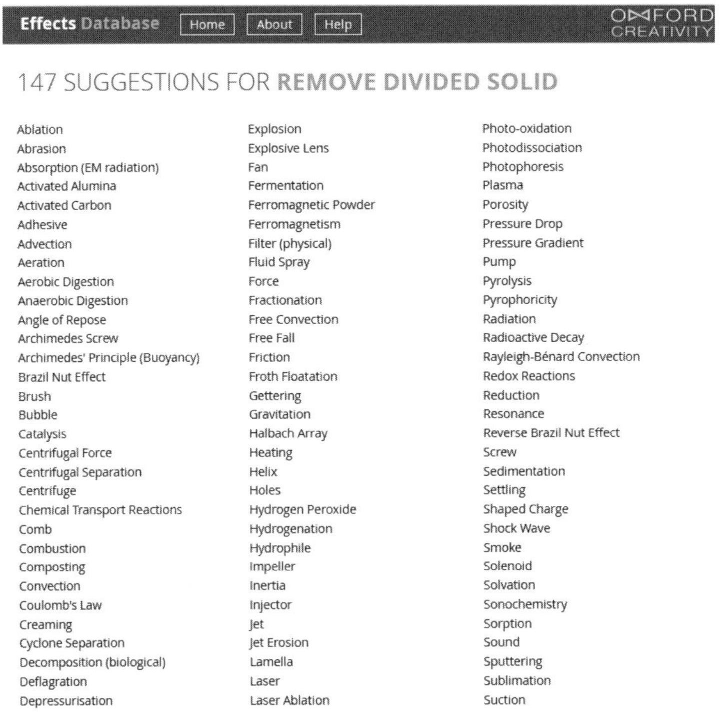

Effects Database | Home | About | Help | OXFORD CREATIVITY

147 SUGGESTIONS FOR **REMOVE DIVIDED SOLID**

Ablation	Explosion	Photo-oxidation
Abrasion	Explosive Lens	Photodissociation
Absorption (EM radiation)	Fan	Photophoresis
Activated Alumina	Fermentation	Plasma
Activated Carbon	Ferromagnetic Powder	Porosity
Adhesive	Ferromagnetism	Pressure Drop
Advection	Filter (physical)	Pressure Gradient
Aeration	Fluid Spray	Pump
Aerobic Digestion	Force	Pyrolysis
Anaerobic Digestion	Fractionation	Pyrophoricity
Angle of Repose	Free Convection	Radiation
Archimedes Screw	Free Fall	Radioactive Decay
Archimedes' Principle (Buoyancy)	Friction	Rayleigh-Bénard Convection
Brazil Nut Effect	Froth Floatation	Redox Reactions
Brush	Gettering	Reduction
Bubble	Gravitation	Resonance
Catalysis	Halbach Array	Reverse Brazil Nut Effect
Centrifugal Force	Heating	Screw
Centrifugal Separation	Helix	Sedimentation
Centrifuge	Holes	Settling
Chemical Transport Reactions	Hydrogen Peroxide	Shaped Charge
Comb	Hydrogenation	Shock Wave
Combustion	Hydrophile	Smoke
Composting	Impeller	Solenoid
Convection	Inertia	Solvation
Coulomb's Law	Injector	Sonochemistry
Creaming	Jet	Sorption
Cyclone Separation	Jet Erosion	Sound
Decomposition (biological)	Lamella	Sputtering
Deflagration	Laser	Sublimation
Depressurisation	Laser Ablation	Suction

图 4-9　功能查询结果截图(部分)

点击其中一个效应与应用，则会显示该效应与应用的释义。以"Abrasion"为例，显示的结果如图 4-10 所示。

Abrasion　　　　　The process of scuffing, scratching, wearing down, marring, or rubbing away. It can be intentionally imposed in a controlled process using an abrasive.

图 4-10　"Abrasion"的释义截图

练习 4.2：采用功能查询方法查询科学效应库

针对身边某个熟悉的物品的关键问题，采用功能查询方法查询科学效应库。例如以矿泉水瓶为例，针对某个关键问题采用功能查询方法查询科学效应库。

2) 采用参数查询：操作 + 参数

可查询的操作(Operation)包括：变化、减少、增加、测量、稳定。

可查询的参数(Parameter)包括：亮度、颜色、浓度、密度、阻力、电导率、能量、流体流动、力、频率、摩擦力、硬度、热传导、均匀性、湿度、长度、磁性、取向、极化、孔隙率、位置、功率、压力、纯度、反射率、刚性、形状、声音、速度、强度、表面积、表面光洁度、温度、时间、半透明度、振动、黏度、体积、重量。

结果类型(Results Type)包括：效应、应用、效应与应用。

参数查询界面截图如图 4-11 所示。

PARAMETER QUERY

Select an Operation and the Parameter on which the Operation is to be performed. Then click on the Submit Query button.

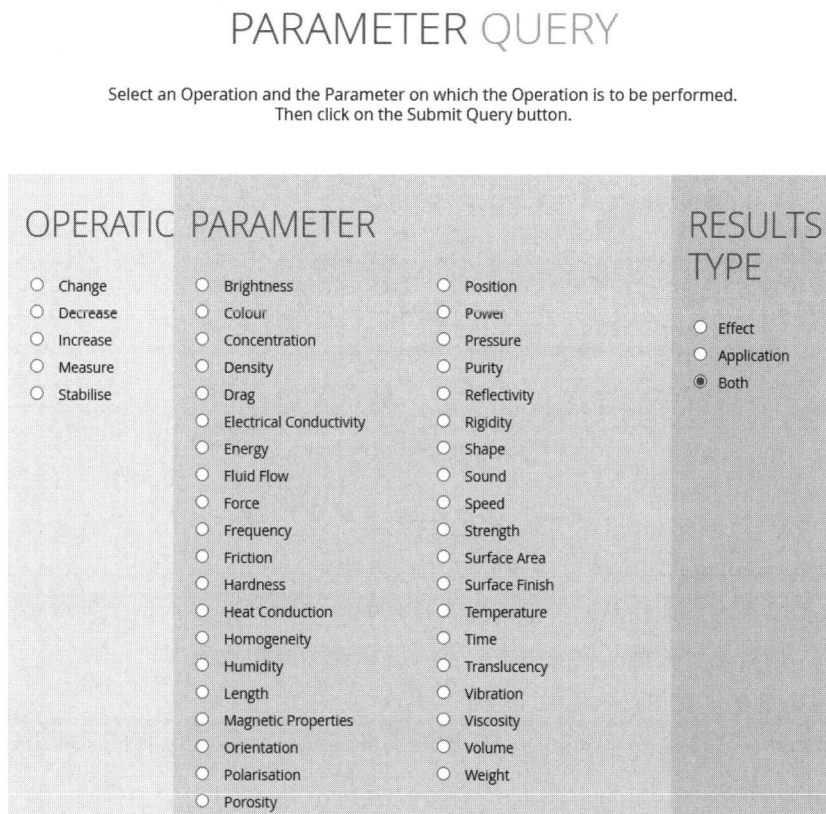

OPERATIC	PARAMETER		RESULTS TYPE
○ Change	○ Brightness	○ Position	
○ Decrease	○ Colour	○ Power	○ Effect
○ Increase	○ Concentration	○ Pressure	○ Application
○ Measure	○ Density	○ Purity	● Both
○ Stabilise	○ Drag	○ Reflectivity	
	○ Electrical Conductivity	○ Rigidity	
	○ Energy	○ Shape	
	○ Fluid Flow	○ Sound	
	○ Force	○ Speed	
	○ Frequency	○ Strength	
	○ Friction	○ Surface Area	
	○ Hardness	○ Surface Finish	
	○ Heat Conduction	○ Temperature	
	○ Homogeneity	○ Time	
	○ Humidity	○ Translucency	
	○ Length	○ Vibration	
	○ Magnetic Properties	○ Viscosity	
	○ Orientation	○ Volume	
	○ Polarisation	○ Weight	
	○ Porosity		

图 4-11　科学效应库的参数查询界面截图

举例，查询"Stabilise Surface Finish"(稳定表面光洁度)，查询结果截图(部分)如图 4-12 所示，显示了 14 个可实现"Stabilise Surface Finish"的效应与应用。点击其中一个效应与应用，则会显示该效应与应用的释义。

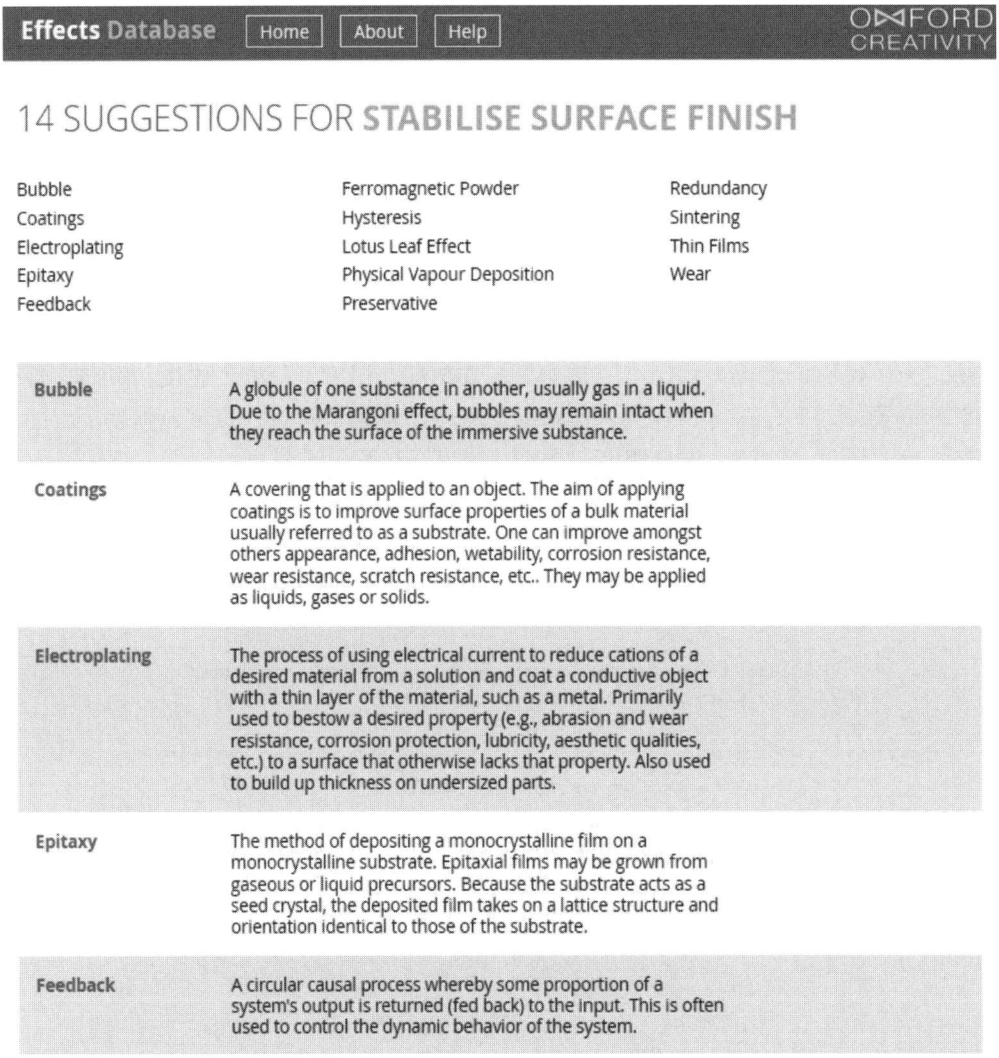

图 4-12   参数查询结果截图(部分)

练习 4.3：采用参数查询方法查询科学效应库

针对身边某个熟悉的物品的关键问题，采用参数查询方法查询科学效应库。例如以矿泉水瓶为例，针对某个关键问题采用参数查询方法查询科学效应库。

3) 采用能量转化查询：从能量 1 转化为能量 2

可查询的能量场(Energy Type)包括：声场、化学场、电场、电磁场、动力场、磁场、机械场、光场、热场。

结果类型(Results Type)包括：效应、应用、效应与应用。

能量转化的查询界面截图如图 4-13 所示。

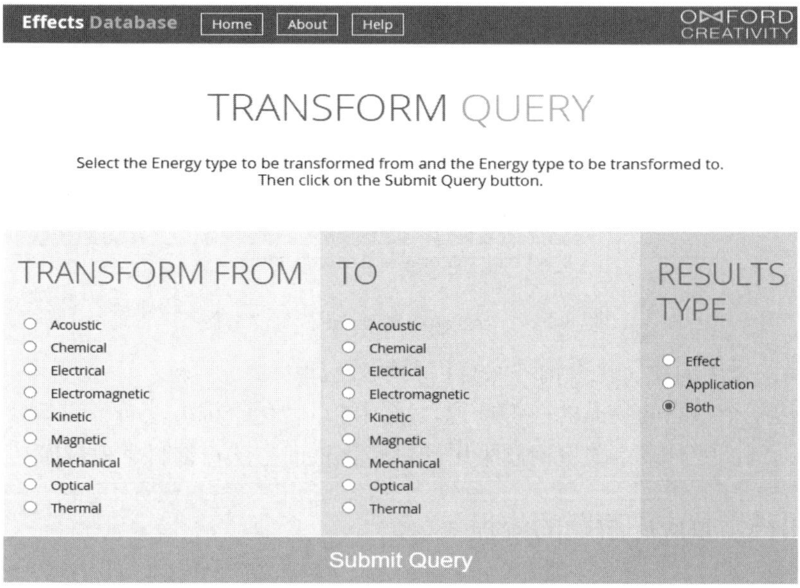
Effects Database
Home
About
Help
OXFORD CREATIVITY
TRANSFORM QUERY
Select the Energy type to be transformed from and the Energy type to be transformed to.
Then click on the Submit Query button.
TRANSFORM FROM
Acoustic
Chemical
Electrical
Electromagnetic
Kinetic
Magnetic
Mechanical
Optical
Thermal
TO
Acoustic
Chemical
Electrical
Electromagnetic
Kinetic
Magnetic
Mechanical
Optical
Thermal
RESULTS TYPE
Effect
Application
Both
Submit Query

图 4-13　科学效应库的能量转化查询界面截图

举例，查询“Transform from Mechanical to Mechanical”(机械场转化为机械场)，查询结果截图(部分)如图 4-14 所示，显示了 133 个可实现“Transform from Mechanical to Mechanical”的效应与应用。

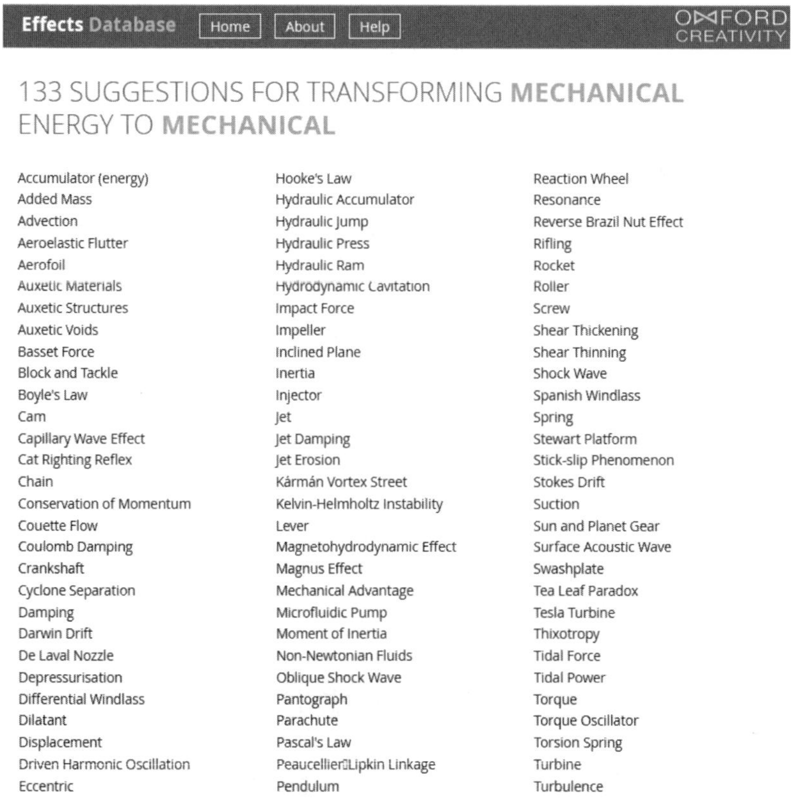
Effects Database
Home
About
Help
OXFORD CREATIVITY
133 SUGGESTIONS FOR TRANSFORMING MECHANICAL ENERGY TO MECHANICAL
Accumulator (energy)
Added Mass
Advection
Aeroelastic Flutter
Aerofoil
Auxetic Materials
Auxetic Structures
Auxetic Voids
Basset Force
Block and Tackle
Boyle's Law
Cam
Capillary Wave Effect
Cat Righting Reflex
Chain
Conservation of Momentum
Couette Flow
Coulomb Damping
Crankshaft
Cyclone Separation
Damping
Darwin Drift
De Laval Nozzle
Depressurisation
Differential Windlass
Dilatant
Displacement
Driven Harmonic Oscillation
Eccentric
Hooke's Law
Hydraulic Accumulator
Hydraulic Jump
Hydraulic Press
Hydraulic Ram
Hydrodynamic Cavitation
Impact Force
Impeller
Inclined Plane
Inertia
Injector
Jet
Jet Damping
Jet Erosion
Kármán Vortex Street
Kelvin-Helmholtz Instability
Lever
Magnetohydrodynamic Effect
Magnus Effect
Mechanical Advantage
Microfluidic Pump
Moment of Inertia
Non-Newtonian Fluids
Oblique Shock Wave
Pantograph
Parachute
Pascal's Law
Peaucellier□Lipkin Linkage
Pendulum
Reaction Wheel
Resonance
Reverse Brazil Nut Effect
Rifling
Rocket
Roller
Screw
Shear Thickening
Shear Thinning
Shock Wave
Spanish Windlass
Spring
Stewart Platform
Stick-slip Phenomenon
Stokes Drift
Suction
Sun and Planet Gear
Surface Acoustic Wave
Swashplate
Tea Leaf Paradox
Tesla Turbine
Thixotropy
Tidal Force
Tidal Power
Torque
Torque Oscillator
Torsion Spring
Turbine
Turbulence

图 4-14　能量转化查询结果截图(部分)

点击其中一个效应与应用，则会显示该效应与应用的释义。以"Auxetic Materials"为例，显示释义如图 4-15 所示。

Auxetic Materials   Materials which, when stretched, become thicker perpendicularly to the applied force, i.e. they have a negative Poisson's ratio. Such materials have interesting mechanical properties such as high energy absorption and fracture resistance. This may be useful in applications such as body armor, packing material, knee and elbow pads, robust shock absorbing material and sponge mops.

图 4-15   "Auxetic Materials"释义截图

练习 4.4：采用能量转化查询方法查询科学效应库

针对身边某个熟悉的物品的关键问题，采用能量转化查询方法查询科学效应库。例如以矿泉水瓶为例，针对某个关键问题采用能量转化查询方法查询科学效应库。

4.3.4 运用科学效应库解题的流程

运用科学效应库解题的流程如图 4-16 所示。

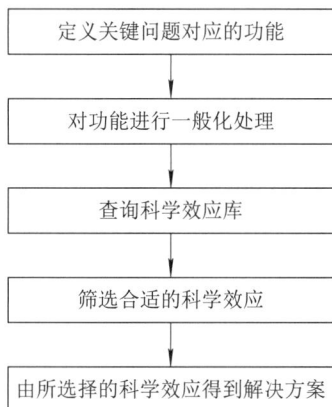

定义关键问题对应的功能

对功能进行一般化处理

查询科学效应库

筛选合适的科学效应

由所选择的科学效应得到解决方案

图 4-16   运用科学效应库解题的流程图

案例 4.3：运用科学效应库解决"去除附着在镜片的异物"问题

关键问题：眼镜佩戴过程中镜片黏附灰尘等异物，常规的解决方案是经常擦拭(例如用纸巾或眼镜布等)镜片，但是频繁擦拭镜片会增加镜片磨花程度。

(1) 定义解决关键问题所需的功能：去除附着在镜片的异物。

(2) 对功能进行一般化处理。

采用功能查询方式将功能进行一般化，如图 4-17 所示。

去除附着在镜片的异物   一般化 → 去除颗粒
                        作用＋对象

图 4-17   运用科学效应库解题的流程图

(3) 查询科学效应库。

查询"Remove Divided Solid"(去除颗粒)，得到 147 个可实现"Remove Divided Solid"的效应与应用，查询结果截图(部分)如图 4-9 所示。

(4) 筛选合适的科学效应。

在 147 个可实现"Remove Divided Solid"的效应与应用中进行筛选，得到如表 4-1 所示的科学效应列表。

表 4-1 筛选出的科学效应列表(示例)

科学效应	解　释
胶黏剂	一种具有很好黏合性能的物质，通过黏附力和内聚力由表面黏合，起连接物体的作用
吸附	当气体或液体溶质在固体或液体(吸附剂)表面积聚时发生的过程，形成分子或原子薄膜(吸附物)
刷子	一种带有刷毛、金属丝或其他细丝的装置，用于清洁
离心分离	一种涉及使用离心力分离混合物的过程，用于工业和实验室环境。混合物中较稠密的成分远离离心机的轴迁移，而混合物中较不稠密的成分则向离心轴迁移
旋风分离	一种不使用过滤器，通过涡流分离从气体或液体中去除微粒的方法。此效应用于分离固体和流体的混合物
电子冲击解吸	由电子碰撞引起的吸附质表面键断裂引起的解吸
泡沫浮选	一种选择性分离疏水材料和亲水材料的方法。通过添加表面活性剂或捕收剂化学品，使所需矿物具有疏水性。疏水性颗粒附着在气泡上，气泡上升到表面，形成泡沫，可以将其去除
吸杂	通过将杂质与合适的试剂或系统的一部分(吸杂剂)反应或吸引来去除杂质的过程，用于消除杂质的有害影响
荷叶效应	荷叶具有非常强的防水性(超疏水性)，荷叶表面复杂的微观和纳米级结构，让污垢颗粒随水滴滚落，从而最大限度地减少黏附。荷叶效应常用于自清洁表面

(5) 由所选择的科学效应得到解决方案，如表 4-2 所示。

表 4-2 运用科学效应得到解决方案列表(示例)

科学效应	解　决　方　案
胶黏剂	采用胶黏剂黏附镜片表面的异物
吸附	使用表面具有黏性物质的布或其他装置接触镜片，吸附异物
刷子	使用刷子清除眼镜表面附着的异物
离心分离	将眼镜放入可旋转的液体容器中，通过离心力带动液体冲刷眼镜，去除眼镜表面附着的异物
旋风分离	将眼镜放入带有涡流的液体容器中，通过涡流分离将眼镜表面附着的异物带走
电子冲击解吸	使用具有电子冲击解吸功能的除尘装置接触镜片，将镜片上附着的异物解吸
泡沫浮选	将眼镜浸入添加表面活性剂或其他疏水性化学品的容器内，镜片上附着的异物会随着气泡上升到容器表面形成泡沫，将泡沫去除即可
吸杂	将眼镜浸入具有吸杂功能的试剂中，完成对镜片附着异物的吸除
荷叶效应	通过微观和纳米级结构使得眼镜镜片具有荷叶效应，此时可以直接用水冲掉附着的异物而使镜片不沾水分，无须额外擦拭

案例 4.4：运用科学效应库解决"去除镜片上的水雾"问题

关键问题：冬天室外与室内的温差大，佩戴眼镜的人从室外到室内时，空气中的水分子会在眼镜镜片表面凝结形成水雾，干扰人的视线。此时若使用纸巾擦拭，则会造成镜片磨损，影响眼镜的使用寿命。如何有效去除镜片上形成的水雾呢？

(1) 定义关键问题对应的功能：去除镜片上的水雾。

(2) 对功能进行一般化处理。

采用功能查询方式将功能一般化为去除液体，如图 4-18 所示。

图 4-18   功能一般化

(3) 采用功能查询方法查询科学效应库。

查询功能"Remove Liquid"(去除液体)，得到 111 个可实现"Remove Liquid"的效应与应用，查询结果截图(部分)如图 4-19 所示。

Absorption (physical)	Enzyme	Ozone
Acoustic Cavitation	Evaporation	Photo-oxidation
Activated Alumina	Exothermic Reaction	Photodissociation
Activated Carbon	Explosion	Physisorption
Adsorption	Fermentation	Plasma
Aerobic Digestion	Filter (physical)	Pressure Gradient
Anaerobic Digestion	Flash Evaporation	Pulser Pump
Boiling	Freeze Drying	Pump
Brush	Fresnel Lens	Pyrolysis
Bubble	Gas Lift	Pyrophoricity
Capillary Action	Gettering	Radiation
Capillary Evaporation	Gravitation	Radioactive Decay
Capillary Porous Material	Heating	Redox Reactions
Catalysis	Hydrates	Reduction
Cavitation	Hydrodynamic Cavitation	Resonance

图 4-19   功能查询结果截图(部分)

(4) 筛选合适的科学效应。

在 111 个可实现"Remove Liquid"的效应与应用中进行筛选，得到如表 4-3 所示的科学效应列表。

表 4-3   筛选出的科学效应列表(示例)

科学效应	解　　释
声空化	由声场引起的空化。对液体施加声场，存在于液体中的微小气泡将被迫振荡
吸附	气体或液体溶质在固体或液体(吸附剂)表面积聚的过程，形成分子或原子薄膜(吸附物)

续表

科学效应	解　　释
闪蒸	当饱和液体流过节流阀或其他节流装置发生压力降低时发生的部分蒸发。如果节流阀或装置位于压力容器的入口处,则在容器内发生闪蒸,则该容器通常称为闪蒸罐
疏水性	被大量水排斥的分子(称为疏水物)的物理特性
超临界干燥	一种在不跨越任何界面的情况下将液体转变为气体形式以去除液体的过程。在超临界区,气体和液体之间的区别不再适用,液相和气相的密度在干燥临界点变得相等
热分解	由热引起的化学分解
超声波振动	超声波频率的振动

(5) 由所选择的科学效应得到解决方案,如表 4-4 所示。

表 4-4　运用科学效应得到的解决方案列表(示例)

科学效应	解　决　方　案
声空化/超声波振动	采用超声波振荡器对镜片表面进行振荡,清除眼镜表面附着的水雾
吸附	使用具有亲水特性的布或其他装置接触镜片,吸附附着的水雾
闪蒸	将起水雾的眼镜放入闪蒸装置中,将镜片附着的水雾蒸发
疏水性	在镜片上附着疏水薄膜,减少镜片附着的水,形成水珠不遮挡视线
超临界干燥	使用具有超临界干燥功能的装置去除镜片附着的水雾
热分解	加热镜片,将镜片附着的水雾蒸发或分解

练习 4.5:运用科学效应库解题

针对身边某个熟悉的物品的问题,运用科学效应库解题。例如以矿泉水瓶为例,针对某个关键问题运用科学效应库解题。

4.4 本 章 小 结

本章讲述如何运用 How to 模型对关键问题进行求解。How to 模型是一般化的功能模型。运用 How to 模型解题时先将关键问题转化为一般化的功能模型,再运用功能导向搜索、科学效应库等问题解决工具解决问题。

功能导向搜索是先将用行业语言描述的具体功能做一般化处理,然后检索一般化的功能,从其他领域寻找解决方案的解题模式。功能导向搜索运用领域外知识解决本领域的问题,属于第三级创新。功能导向搜索的流程:描述需要解决的关键问题及其性能参数要求;用功能语言描述关键问题;对功能进行一般化处理;在执行类似功能的行业或领域中确定领先领域；在领先领域中检索一般化的功能，选择合适的解决方案；将该解决方案引入当前领域用于解决关键问题。运用功能导向搜索的好处：从其他领域寻找成熟的解决方案解决本领域的问题，而不是从零开始去解决问题，因此获得解决方案的难度低；尽管在本领域是全新的解决方案，但是该解决方案在其他领域已经得到成熟应用，因此在本领域实施全新方案的风险低；功能导向搜索采用的是检索一般化的功能，从其他领域寻找解决方案的解题模式，因此可以从其他领域找到更优的解决方案。4.2 节设置了 1 个运用功能导向搜索解题的练习。

科学效应是由某种动因或原因所产生的一种特定的科学因果现象。科学效应库是将物理效应、化学效应、生物效应和几何效应等进行汇总构成的一个知识库。科学效应库是一个问题解决工具，通过查询科学效应库筛选出合适的科学效应从而解决关键问题，属于第三级创新。如果是首次将某个科学效应用于解决本领域的问题，则属于第四级创新。运用科学效应库解题的流程：定义关键问题对应的功能；对功能进行一般化处理；查询科学效应库；筛选合适的科学效应；由所选择的科学效应得到解决方案。科学效应库的输出是运用科学效应产生解决方案模型。4.3 节设置了采用功能查询方法查询科学效应库、采用参数查询方法查询科学效应库、采用能量转化查询方法查询科学效应库、运用科学效应库解题共 4 个练习。

本章的基本学习要点如下：

(1) 掌握功能导向搜索的概念；

(2) 熟悉功能的一般化方法；

(3) 掌握领先领域的概念；

(4) 熟悉运用功能导向搜索解题的流程；

(5) 掌握科学效应的概念；

(6) 掌握科学效应的类型；

(7) 掌握科学效应库的概念和用途；

(8) 熟悉三种查询科学效应库的方法；

(9) 熟悉运用科学效应库解题的流程。

第 5 章　TRIZ 训练模板

5.1　TRIZ 解题流程

本书讲解的 TRIZ 解题流程与 TRIZ 工具如图 5-1 所示。

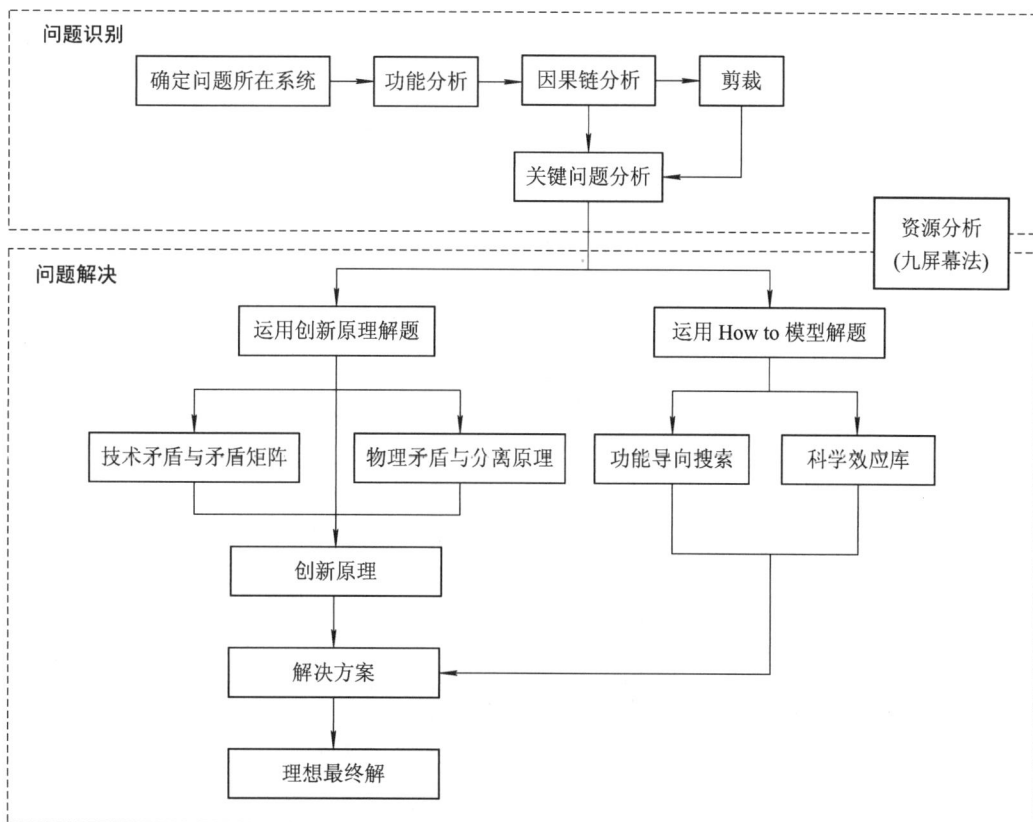

图 5-1　本书讲解的 TRIZ 解题流程与 TRIZ 工具

问题识别是指如何识别关键问题，具体包括确定问题所在系统和运用功能分析、因果链分析、剪裁等问题识别工具确定关键问题。其中剪裁工具是可选项。

问题解决包括运用创新原理解题与运用 How to 模型解题。

运用创新原理解题是运用创新原理、技术矛盾与矛盾矩阵、物理矛盾与分离原理等问题解决工具和资源分析、理想最终解等辅助工具。

运用 How to 模型解题是先将关键问题转化为 How to 模型(即一般化的功能模型),然后运用功能导向搜索、科学效应库等工具获得解决方案模型,再进行求解。

5.2 识别关键问题模板

5.2.1 问题描述及确定问题所在系统

1. 问题描述

示例:在污水处理或化学溶液提炼等领域通常使用过滤器去除液体中的黏性悬浮物。但是当水流量或压力较大时,大量黏性悬浮物会附着在过滤器滤芯的孔隙内,造成滤芯堵塞;同时,大量黏性物质附着在滤芯表面,导致滤芯发生明显变形或断裂。

2. 确定问题所在系统

示例:过滤悬浮物系统如图 5-2 所示,由罐体、滤芯、进水口、出水口组成。罐体是带平顶的圆柱状结构,罐体底部设置有进水口和出水口。滤芯是一个表面带有孔隙的圆柱体,被固定在罐体内。混有悬浮物的液体由进水口进入由罐体与滤芯外壁构成的空间,在外压力作用下液体由滤芯上的孔隙进入滤芯内再通过出水口排出,而悬浮物则被滤芯外壁阻挡。

过滤悬浮物系统分为进水子系统、过滤子系统和出水子系统。滤芯变形或断裂发生在过滤子系统。根据确定问题边界的四个原则,可以确定问题所在的系统是过滤悬浮物系统的过滤子系统。

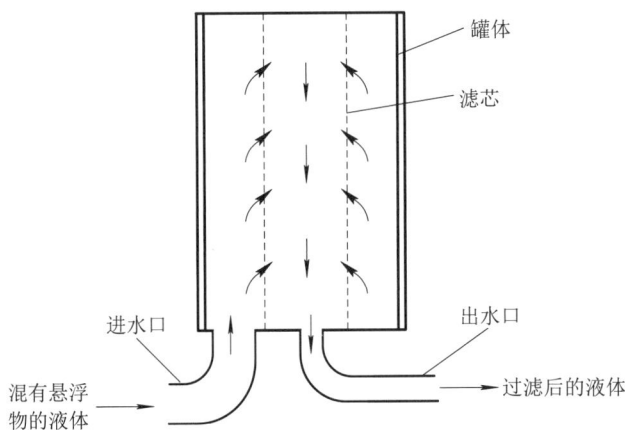

图 5-2 过滤悬浮物系统

上述仅为示例,在实际的练习中读者可自行选择课题进行问题描述,并确定问题所在系统。

5.2.2　功能分析

功能分析分为四个步骤：组件分析、相互作用分析、功能建模和价值分析。因价值分析主要用于企业的成本估算，在此训练中是可选步骤，故省略。

1. 组件分析

组件分析的步骤：

步骤 1：在组件列表中写出所研究的系统，建议同时写出所研究系统的功能。

步骤 2：在超系统组件列中写出系统的作用对象。

步骤 3：在系统组件列中写出所研究系统的组件，建议优先写出与系统执行功能相关的组件。

步骤 4：在超系统组件列中写出剩余的超系统组件。

为了防止产生歧义，建议必要时在组件后面做备注解释。

按照组件分析的步骤对所研究系统进行组件分析，得到如表 5-1 所示的组件列表。

表 5-1　组 件 列 表

所研究系统	系统组件	超系统组件

2. 相互作用分析

相互作用分析的步骤：

步骤 1：在相互作用矩阵的第一行中按顺序列出组件分析中所列出的所有组件，在第一列中按与行相同的顺序列出所有组件。

步骤 2：以行为单位，两两分析组件，观察两者有无相互作用，即是否有接触。如果有相互作用，则在矩阵单元中标记"+"；如果没有相互作用，则在矩阵单元中标记"-"。为了醒目，可以将"+"加粗或写大一些，将"-"写小一些。

步骤 3：重复以上步骤，直至分析完所有行。

步骤 4：如果发现某个组件在矩阵中所在行与列都为"-"，意味着该组件与其他组件均无相互作用，则说明这个组件对其他组件没有功能，可以将这个组件去掉，不予考虑。

步骤 5：检查相互作用矩阵是否以左上到右下对角线对称，如果矩阵不对称，则说明相互作用分析的结果存在问题，需要检查修改。

对组件分析中列出的组件(包括系统组件与超系统组件)做相互作用分析，得到如表 5-2 所示的相互作用矩阵。

表 5-2　相互作用矩阵

	组件 1	组件 2	组件 3	...	组件 n
组件 1		+	-	-	-
组件 2	+		-	-	+
组件 3	-	-		-	+
...	-	-	-		-
组件 n	-	+	+	-	

3. 功能建模

功能建模的步骤：

步骤 1：根据相互作用矩阵中组件的顺序，逐个分析每个组件与其他组件是否存在功能。

步骤 2：如果存在功能，则判断该功能是有用功能还是有害功能。如果是有用功能则执行步骤 3，如果是有害功能则返回步骤 1。

步骤 3：分析该有用功能的等级(基本功能、附加功能、辅助功能)，并给出得分(3 分、2 分、1 分)。

步骤 4：分析该有用功能的性能水平(正常、不足、过量)，返回步骤 1。

步骤 5：当所有组件分析完成后，列出功能模型列表。

按照功能建模的步骤对所研究系统做功能建模，得到如表 5-3 所示的功能模型列表。

表 5-3　功能模型列表

功能	等　级	性能水平	功能得分	总分
组件 1				
动词 + 组件	基本功能/附加功能/辅助功能/有害功能	不足/正常/过量		
动词 + 组件	基本功能/附加功能/辅助功能/有害功能	不足/正常/过量		
...				
动词 + 组件	基本功能/附加功能/辅助功能/有害功能	不足/正常/过量		
组件 n				
动词 + 组件	基本功能/附加功能/辅助功能/有害功能	不足/正常/过量		

在功能模型列表的基础上，进一步做出功能模型图，如图 5-3 所示。

功能模型图的注意事项：

(1) 将系统组件用□表示，超系统组件用◯表示，作用对象用◯表示。

(2) 组件之间的功能用线段与箭头表示，其中正常的功能用 ── 表示，不足的功能用 --▶ 表示，过量的功能用 ⇉ 表示，有害功能用 〜▶ 表示。

(3) 建议先画出主要功能所对应的组件，再画出基本功能、附加功能、辅助功能所对应的组件。

(4) 组件应横向或竖向排列，尽量不要斜着排列。

(5) 指向功能受体的线段与箭头尽量不要出现交叉。

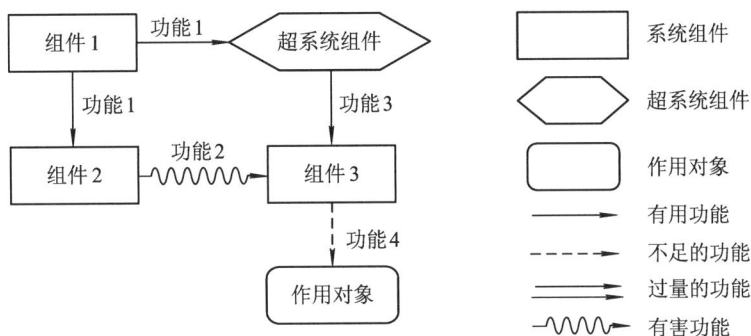

图 5-3 功能模型图示例

4. 有缺陷的功能列表

除正常的功能之外，不足的功能、过量的功能和有害功能都属于有缺陷的功能。

根据功能模型列表或功能模型图，得到如表 5-4 所示的有缺陷的功能列表。

表 5-4 有缺陷的功能列表

序号	功 能 缺 陷	缺 陷 类 型
1		不足
2		过量
3		有害
4		…

5.2.3 因果链分析

因果链分析包括：

(1) 构建因果链。其步骤为：

步骤 1：确定初始缺点。

步骤 2：寻找下一层级缺点。用带箭头的线段连接当前缺点与上一层级缺点；如果存在多个缺点，使用运算符"And"或"Or"表示同一层级缺点的关系。

步骤 3：判断当前缺点是否可作为末端缺点，如果是则终止，否则重复步骤 2。

(2) 在构建的因果链中选择关键缺点。

(3) 将关键缺点转化为关键问题。

(4) 列出每个关键问题可能的解决方案和约束条件。

1. 确定初始缺点

确定初始缺点的方法有两种：

(1) 将与项目目标完全相反的缺点作为初始缺点。

(2) 由项目最开始遇到的显而易见的问题连续做结果推导，从结果中选择对人的生活或工作或生产影响最大的那个问题作为初始缺点。

如果这两种方法产生的初始缺点不一致，则优先选取由第二种方法确定的初始缺点。

2. 寻找中间缺点

1) 寻找中间缺点的方法

寻找中间缺点应该像剥洋葱一样一层一层地寻找直接缺点，尽可能避免出现跳跃。直接缺点是指物理上有直接接触的组件引起的缺点。

寻找直接缺点的方法有：

(1) 在功能分析中有缺陷的功能列表中寻找。

(2) 从科学效应对应的科学原理入手。

(3) 咨询行业或领域专家。

(4) 查阅文献。

2) 同一层级缺点的关系

造成缺点的下一层级缺点可能不止一个。如果同一层级缺点超过一个，则需要标识同一层级缺点的相互关系。通常采用 And 或 Or 运算符来标识同一层级缺点的相互关系。

And 运算符用于表示某层级的缺点是由其下一层级的几个缺点共同作用的结果。

Or 运算符用于表示某层级缺点可由其下一层级几个缺点中的任何一个单独作用造成。

3. 确定末端缺点

根据下列终止条件确定因果链的末端缺点：

(1) 达到物理、化学、生物或几何等领域的极限时。

(2) 达到生物基因特征时。

(3) 达到自然现象时。

(4) 达到成本的极限或人的本性时。

(5) 达到法规、国家或行业标准等的限制时。

(6) 根据项目具体情况，继续深入挖掘下去会变得与本项目无关时。

(7) 考虑项目制约因素(当前技术水平、物质条件、经费预算等)，即便可进一步挖掘，但如果无助于解决问题，则不再挖掘。

(8) 不能继续找到下一层原因时(超出团队成员的知识边界)。

4. 构建因果链

按照构建因果链的步骤构建因果链，如图 5-4 所示。

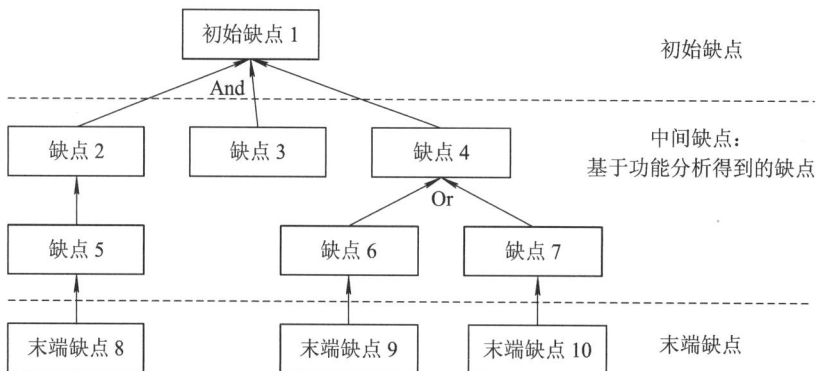

图 5-4　因果链示意图

5. 选择关键缺点

从因果链的中间缺点和末端缺点中选择关键缺点。

选择关键缺点时需要特别注意逻辑关系是 And 还是 Or。

(1) 如果同一层级的缺点是 And 关系，则该层级的任何一个缺点被解决都能解决上一层级的缺点。

(2) 如果同一层级的缺点是 Or 关系，则尽可能从该层级的更高层级来解决。如果要从该层级来解决，则当前层级的所有缺点都被解决才能解决上一层级缺点，解决难度大。

6. 将关键缺点转化为关键问题

关键缺点对应的问题就是关键问题。将关键缺点转化为关键问题列表，如表 5-5 所示。

表 5-5　关键缺点转化为关键问题列表

序　号	关　键　缺　点	关　键　问　题
1		
2		
3		

7. 列出可能的解决方案与约束条件

关键问题通常具有很多个常规解决方案，这些常规解决方案称为可能的解决方案。

如果某个关键问题可能的解决方案具备可实施性且实施过程中没有受到其他条件的约束，那么这个关键问题就被解决了。

如果某个关键问题可能的解决方案具备可实施性但是实施过程中会受到其他条件的约束(约束条件)，那么可将这种情形转化为技术矛盾。

将关键缺点、关键问题、可能的解决方案和约束条件构成关键问题与可能的解决方案列表，如表 5-6 所示。

表 5-6　关键问题与可能的解决方案列表

序号	关键缺点	关键问题	可能的解决方案	约束条件
1				
2				
3				

5.2.4　剪裁

剪裁的步骤如下：

步骤 1：对所研究系统做功能分析，画出功能模型图；

步骤 2：按照项目的目标选择将要被剪裁的组件并确定剪裁规则；

步骤 3：选择被剪裁组件的一个有用功能；

步骤 4：描述剪裁之后用系统的剩余组件和超系统的组件替代时需要解决的问题，形成剪裁问题列表；

步骤 5：重复步骤 3 和 4，将被剪裁组件执行的所有有用功能全部替代一遍；

步骤 6：根据有用功能替代的四种情形，对被剪裁组件的有用功能进行替代，产生替代方案；

步骤 7：判断被剪裁组件的所有有用功能是否都有替代方案，如果都有则可以剪裁该组件，否则不能剪裁该组件；

步骤 8：重复步骤 2～7，将可能被剪裁的所有组件尝试一遍。

对所研究系统进行剪裁，具体包括如下步骤。

1. 对所研究系统做功能分析

对所研究系统进行功能分析，得到功能模型图。

2. 选择将要被剪裁的组件、确定剪裁规则并得到剪裁模型

(1) 根据项目的目标选择将要被剪裁的组件。

按照项目的目标选择被剪裁组件的建议：

① 如果是解决技术问题，建议选择关键缺点或功能缺陷对应的一个或多个组件；

② 如果是降成本，建议选择成本最高或价值最低的组件；

③ 如果是做专利规避，建议选择与技术特征对应的一个或多个组件；

④ 如果是寻找创新思路，建议将所有的系统组件都尝试一遍；

⑤ 根据项目的商业或技术限制决定剪裁的激烈程度(渐进式剪裁或激进式剪裁)。

剪裁的前提条件是被剪裁组件的功能必须能被系统剩余组件或超系统组件替代。如果无法对被剪裁组件的所有有用功能进行替代，则不能剪裁掉该组件。

(2) 确定剪裁规则。

剪裁规则 A：如果有用功能的功能受体被剪裁，则可以剪裁该有用功能的功能载体，如图 5-5 所示。

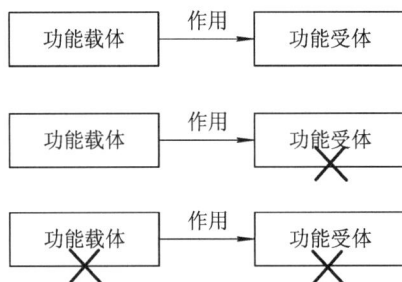

图 5-5　剪裁规则 A

剪裁规则 B：如果功能受体自身能够执行有用功能，则可以剪裁该有用功能的功能载

体，如图 5-6 所示。

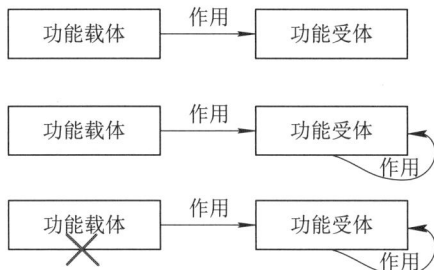

图 5-6　剪裁规则 B

剪裁规则 C：如果另一个组件能够执行某功能载体的有用功能，则可以剪裁该功能载体，如图 5-7 所示。

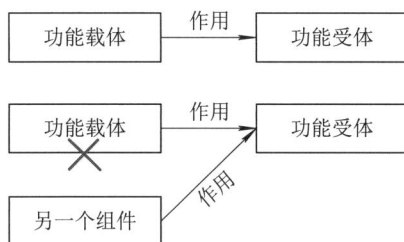

图 5-7　剪裁规则 C

(3) 得到剪裁模型。

剪裁模型是在所研究系统中去掉被剪裁组件之后的功能模型，如图 5-8 所示，这是一个残缺的功能模型。由于组件被剪裁，其有用功能无法执行，因此剪裁模型包含一系列需要进一步去解决的问题(剪裁问题)。

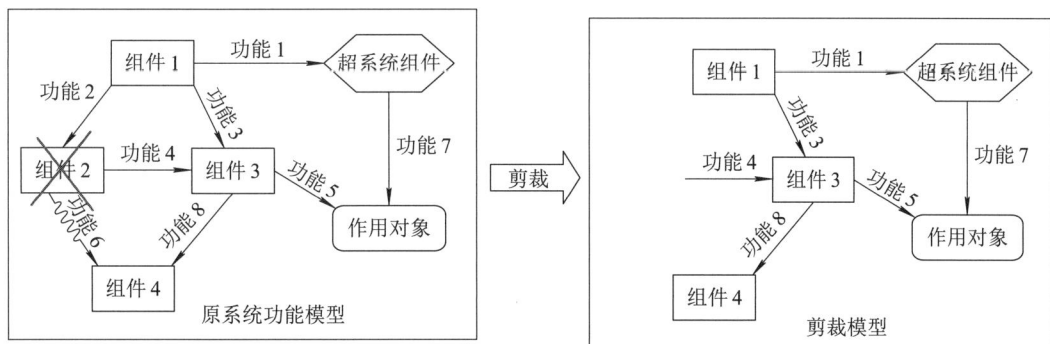

图 5-8　剪裁模型

3. 选择被剪裁组件的一个有用功能

根据图 5-8 所示的剪裁模型，选择被剪裁组件的一个有用功能。

4. 描述剪裁问题

剪裁问题描述为如何利用系统的剩余组件和超系统的组件实现被剪裁组件的有用功能。

5. 将被剪裁组件执行的所有有用功能全部替代一遍

重复步骤 3 和 4，将系统的剩余组件和超系统的组件都作为新的功能载体替代被剪裁组件的所有有用功能并描述相应的剪裁问题，如表 5-7 所示。

表 5-7　剪裁问题列表

被剪裁的组件	功能	剪裁规则	新功能载体	剪 裁 问 题	替代方案

6. 产生替代方案

有用功能替代的四种情形：

(1) 作用相似，功能受体相同，如图 5-9 所示。如果功能载体 A 的作用与功能载体 B 的作用相似且作用于同一功能受体，则功能载体 B 可以替代功能载体 A。

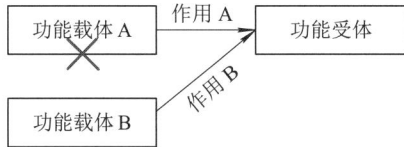

图 5-9　作用相似、功能受体相同

(2) 作用相似，功能受体不同，如图 5-10 所示。如果功能载体 A 的作用与功能载体 B 的作用相似却作用于不同的功能受体，则功能载体 B 可以替代功能载体 A。

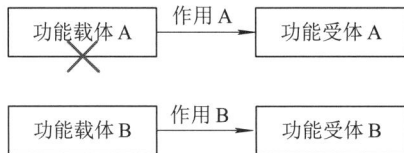

图 5-10　作用相似、功能受体不同

(3) 功能受体相同，如图 5-11 所示。如果功能载体 A 和功能载体 B 对功能受体都有任意作用，则功能载体 B 可以替代功能载体 A。

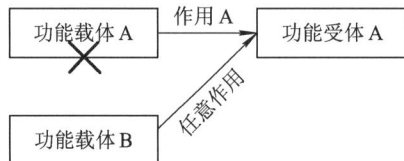

图 5-11　功能受体相同

(4) 具有执行功能所需要的资源，如图 5-12 所示。如果功能载体 B 具有功能载体 A 执行功能所需的资源,则功能载体 B 可以替代功能载体 A。

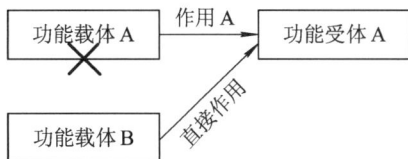

图 5-12 拥有执行功能所需的资源

根据有用功能替代的四种情形对被剪裁组件的有用功能进行替代,将替代方案列入表 5-7 所示的剪裁问题列表中。

7. 判断能否剪裁该组件

判断被剪裁组件的所有有用功能是否都有替代方案,如果都有替代方案,则可以剪裁该组件,否则不能剪裁该组件。

8. 剪裁所有可能被剪裁的组件

重复步骤 2~7,将可能被剪裁的所有组件尝试一遍。

5.3 运用创新原理解题模板

5.3.1 描述要解决的关键问题

描述通过因果链分析或剪裁等问题分析工具得到的某个关键问题。注意,该关键问题不是初始问题。

5.3.2 创新原理

40 个创新原理如表 5-8 所示。

表 5-8 40 个创新原理

编号	创新原理	编号	创新原理	编号	创新原理	编号	创新原理
1	分割	11	事先防范	21	急速作用	31	多孔材料
2	抽取	12	等势	22	变害为利	32	改变颜色
3	局部特性	13	反向作用	23	反馈	33	同质性
4	非对称	14	曲面化	24	中介物	34	抛弃或再生
5	组合	15	动态特性	25	自服务	35	物理/化学状态变化
6	多用性	16	不足或超额行动	26	复制	36	相变
7	嵌套	17	空间维数变化	27	廉价替代品	37	热膨胀
8	重力补偿	18	机械振动	28	机械系统替代	38	强氧化
9	预先反作用	19	周期性作用	29	气压和液压结构	39	惰性环境
10	预先作用	20	有效作用的连续性	30	柔性壳体或薄膜	40	复合材料

5.3.3   直接运用创新原理解题

将 40 个创新原理直接用于解决关键问题。为获得更多有效的解决方案，在解决问题时有必要对相关组件进行资源分析，结果如表 5-9 所示。

表 5-9   直接运用创新原理得到解决方案列表

创新原理	可用资源	解决方案
1 分割		
2 抽取		
3 局部特性		
4 非对称		
5 组合		
6 多用性		
7 嵌套		
8 重力补偿		
9 预先反作用		
10 预先作用		
11 事先防范		
12 等势		
13 反向作用		
14 曲面化		
15 动态特性		
16 不足或超额行动		
17 空间维数变化		
18 机械振动		
19 周期性作用		
20 有效作用的连续性		
21 急速作用		
22 变害为利		
23 反馈		
24 中介物		
25 自服务		
26 复制		

创新原理	可用资源	解决方案
27 廉价替代品		
28 机械系统替代		
29 气压和液压结构		
30 柔性壳体或薄膜		
31 多孔材料		
32 改变颜色		
33 同质性		
34 抛弃或再生		
35 物理/化学状态变化		
36 相变		
37 热膨胀		
38 强氧化		
39 惰性环境		
40 复合材料		

5.3.4　技术矛盾与矛盾矩阵

运用矛盾矩阵解决技术矛盾的流程图如图 5-13 所示。

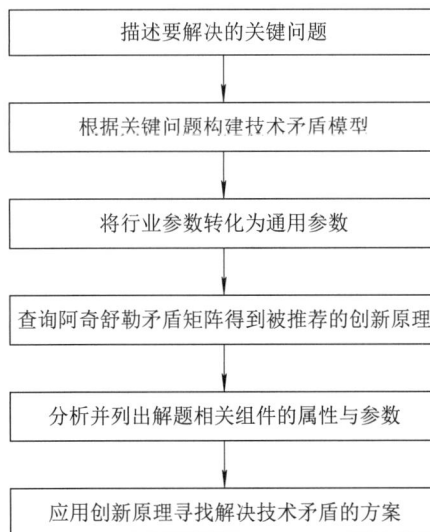

图 5-13　运用矛盾矩阵解决技术矛盾的流程图

按照运用矛盾矩阵解决技术矛盾的流程求解关键问题，包括以下步骤：

(1) 描述要解决的关键问题。描述通过因果链分析或剪裁等问题分析工具得到的某个关键问题。注意，该关键问题不是初始问题。

(2) 根据关键问题构建技术矛盾模型。将技术矛盾按照"如果……那么……但是"的格式进行描述，构建技术矛盾模型，如表 5-10 所示。

表 5-10   技术矛盾模型

技术矛盾		反向技术矛盾	
如果	采用某个常规方案	如果	采用相反的常规方案
那么	改善参数 C	那么	改善参数 D
但是	恶化参数 D	但是	恶化参数 C

(3) 将行业参数转化为通用参数。对各行各业的参数进行一般化处理，得到 39 个能够表述所有技术矛盾的通用参数，如表 5-11 所示。

表 5-11   通用参数列表

编号	参数名称	编号	参数名称	编号	参数名称
1	运动物体的重量	14	强度	27	可靠性
2	静止物体的重量	15	运动物体的作用时间	28	测量精度
3	运动物体的长度	16	静止物体的作用时间	29	制造精度
4	静止物体的长度	17	温度	30	作用于物体的有害因素
5	运动物体的面积	18	光照度	31	物体产生的有害因素
6	静止物体的面积	19	运动物体消耗的能量	32	可制造性
7	运动物体的体积	20	静止物体消耗的能量	33	可操作性
8	静止物体的体积	21	功率	34	可维修性
9	速度	22	能量损失	35	适应性及多用性
10	力	23	物质损失	36	设备的复杂性
11	应力或压力	24	信息损失	37	检测的复杂性
12	形状	25	时间损失	38	自动化程度
13	结构的稳定性	26	物质或事物的数量	39	生产率

行业参数一般化为通用参数的方法有两种：

① 上位方法。上位方法是指对当前行业参数进行概括以得到包容范围较广、概括水平较高的参数。

② 结果导向方法。结果导向方法是根据参数所导致的结果确定通用参数的。

根据上位法或结果导向法将行业参数一般化为通用参数，形成采用通用参数描述的技术矛盾模型，如表 5-12 所示。

表 5-12   采用通用参数描述的技术矛盾模型

技术矛盾		行业参数	通用参数
如果	采用某个常规方案		
那么	改善参数 C	改善参数：参数 C 的行业参数	
但是	恶化参数 D	恶化参数：参数 D 的行业参数	

(4) 查询阿奇舒勒矛盾矩阵得到被推荐的创新原理。阿奇舒勒矛盾矩阵是一个 39×39 的矩阵(不含表头)，每列的表头与每行的表头是按顺序排列的 39 个通用参数，行中的参数为改善的参数，列中的参数为恶化的参数，行列交叉单元格中的数字为相应技术矛盾被推荐的创新原理。完整的矛盾矩阵见附录。

阿奇舒勒矛盾矩阵的使用方法是：在阿奇舒勒矛盾矩阵中查找通用的改善参数(行)与恶化参数(列)对应的交叉单元，得到被推荐的创新原理，如表 5-13 所示。

表 5-13　查询矛盾矩阵得到被推荐的创新原理

编号	创新原理	子创新原理及详解

(5) 分析并列出解题相关组件的属性与参数。为获得更多有效的解决方案，有必要对系统相关组件进行资源分析，列出相关组件的属性与参数(解题资源)。

(6) 应用创新原理寻找解决技术矛盾的解决方案。对照相关组件的属性与参数，运用被推荐的创新原理寻找解决方案，结果如表 5-14 所示。

表 5-14　运用技术矛盾与矛盾矩阵得到解决方案列表

创新原理	可用资源	解决方案

5.3.5　物理矛盾与分离原理

运用分离原理解决物理矛盾的流程图如图 5-14 所示。

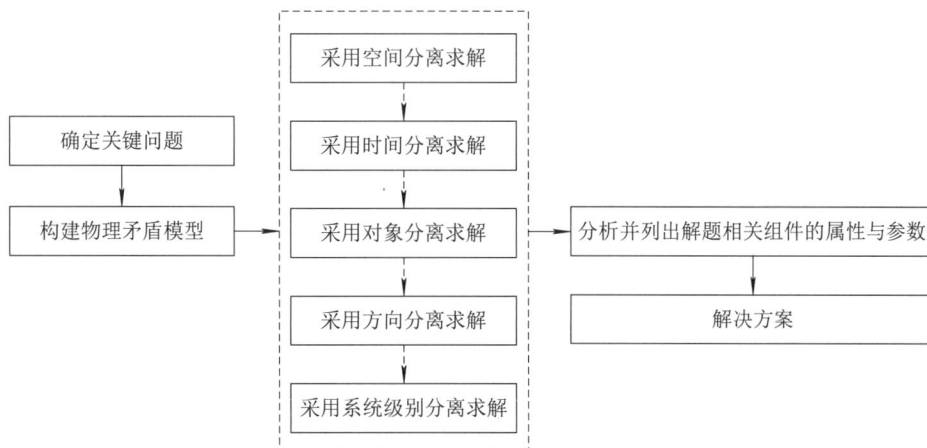

图 5-14　运用分离原理解决物理矛盾的流程图

按照运用分离原理解决物理矛盾的流程求解关键问题，包括以下步骤：

(1) 确定关键问题。描述通过因果链分析或剪裁等问题分析工具得到的某个关键问题。注意，该关键问题不是初始问题。

(2) 构建物理矛盾模型。将技术矛盾模型转换为物理矛盾模型的步骤如图 5-15 所示。

技术矛盾模型及其反向技术矛盾模型

	技术矛盾模型		反向技术矛盾模型
如果	采用某个常规方案(A 的正向需求 B)	如果	采用相反的常规方案(A 的反向或互补需求非 B)
那么	改善参数 C	那么	改善参数 D
但是	恶化参数 D	但是	恶化参数 C

物理矛盾模型

参数 __A__ 需要 __B__ ，因为 __改善参数 C__ ；

但是

参数 __A__ 需要 _非 B_ ，因为 __改善参数 D__

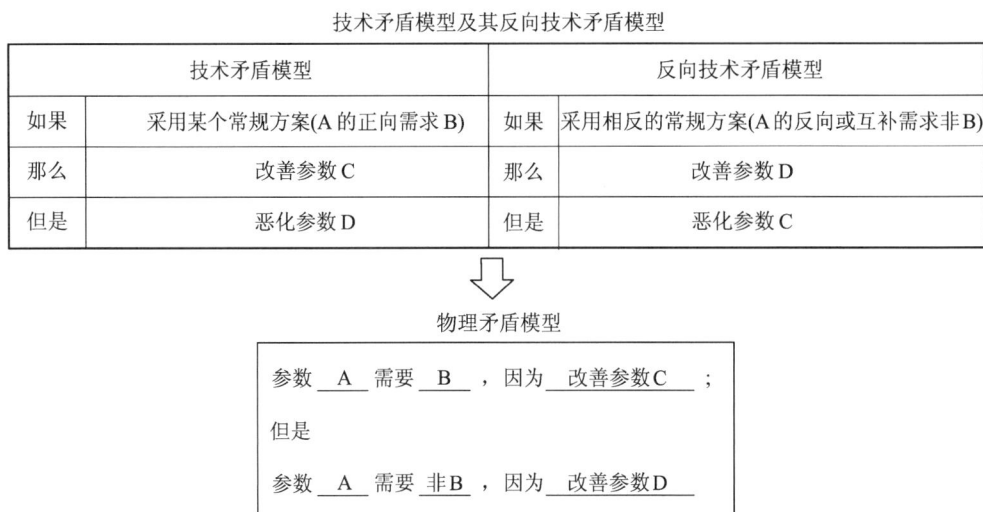

图 5-15　将技术矛盾模型转换为物理矛盾模型

步骤 1：构建技术矛盾模型及其反向技术矛盾模型。

步骤 2：通过技术矛盾模型中的"如果"识别物理矛盾模型中的参数 A 及其正向需求 B、参数 A 的反向需求或互补需求非 B。

步骤 3：通过两个技术矛盾模型中的"那么"识别 B 满足的情况下可以改善的参数 C、非 B 满足的情况下可以改善的参数 D。

(3) 选择分离原理。分离矛盾需求的方法有 5 种，分别为空间分离、时间分离、对象分离、方向分离、系统级别分离。

(4) 分析并列出解题相关组件的属性与参数。为获得更多有效的解决方案，有必要对系统相关组件进行资源分析，列出相关组件的属性与参数(解题资源)。

(5) 应用创新原理寻找解决物理矛盾的解决方案。分别运用空间分离、时间分离、对象分离、方向分离、系统级别分离得到解决方案。

① 空间分离。如果同一参数不同需求的发生条件处于不同空间，即相互矛盾的需求发生在不同空间，那么可以采用空间分离的方法求解该物理矛盾。

导向关键词：在哪里。

加入导向关键词的物理矛盾模型的表述形式为：

参数 __A__ 在 __哪里__ 需要 __B__ ，因为 __C__ ；

但是

参数 __A__ 在 __哪里__ 需要 _非 B_ ，因为 __D__ 。

与空间分离相关的创新原理如表 5-15 所示。

表 5-15　与空间分离相关的创新原理列表

分离矛盾需求	编号	创 新 原 理
空间分离	1	分割
	2	抽取
	3	局部特性
	7	嵌套
	4	非对称
	17	空间维数变化

对照相关组件的属性与参数，运用与空间分离相关的创新原理得到解决方案，结果如表 5-16 所示。

表 5-16　运用空间分离的解决方案列表

创新原理	可用资源	解　决　方　案
1 分割		
2 抽取		
3 局部特性		
7 嵌套		
4 非对称		
17 空间维数变		

② 时间分离。如果同一参数不同需求的发生条件处于不同时间，即相互矛盾的需求发生在不同时间，那么可以采用时间分离的方法求解该物理矛盾。

导向关键词：在什么时候。

加入导向关键词的物理矛盾模型的表述形式为：

参数 ___A___ 在 ___什么时候___ 需要 ___B___ ，因为 ___C___ ；

但是

参数 ___A___ 在 ___什么时候___ 需要 ___非B___ ，因为 ___D___ 。

与时间分离相关的创新原理如表 5-17 所示。

表 5-17　与时间分离相关的创新原理

分离矛盾需求	编号	创 新 原 理
时间分离	9	预先反作用
	10	预先作用
	11	事先防范
	15	动态特性
	34	抛弃或再生

对照相关组件的属性与参数，运用与时间分离相关的创新原理得到解决方案，结果如表 5-18 所示。

表 5-18　运用时间分离的解决方案列表

创新原理	可用资源	解　决　方　案
9 预先反作用		
10 预先作用		
11 事先防范		
15 动态特性		
34 抛弃或再生		

③ 对象分离。如果同一参数不同需求的发生条件是针对不同对象，即相互矛盾的需求发生在不同对象，那么可以采用对象分离的方法求解该物理矛盾。

导向关键词：对谁。

加入导向关键词的物理矛盾模型的表述形式为：

参数　__A__　对　__谁__　需要　__B__　，因为　__C__　；

但是

参数　__A__　对　__谁__　需要　__非B__　，因为　__D__　。

与对象分离相关的创新原理如表 5-19 所示。

表 5-19　与对象分离相关的创新原理

分离矛盾需求	编号	创　新　原　理
对象分离	3	局部特性
	17	空间维数变化
	19	周期性作用
	31	多孔材料
	32	改变颜色
	40	复合材料

对照相关组件的属性与参数，运用与对象分离相关的创新原理得到解决方案，结果如表 5-20 所示。

表 5-20　运用对象分离的解决方案列表

创新原理	可用资源	解　决　方　案
3 局部特性		
17 空间维数变化		
19 周期性作用		
31 多孔材料		
32 改变颜色		
40 复合材料		

④ 方向分离。如果同一参数不同需求的发生条件处于不同方向，即相互矛盾的需求发生在不同方向，那么可以采用方向分离的方法求解该物理矛盾。

导向关键词：向哪个方向。

加入导向关键词的物理矛盾模型的表述形式为：

参数＿＿A＿＿向＿＿哪个方向＿＿＿需要＿＿B＿＿，因为＿＿C＿＿；

但是

参数＿＿A＿＿向＿＿哪个方向＿＿＿需要＿非B＿，因为＿＿D＿＿。

与方向分离相关的创新原理如表 5-21 所示。

表 5-21　与方向分离相关的创新原理

分离矛盾需求	编号	创 新 原 理
方向分离	4	非对称
	14	曲面化
	17	空间维数变化
	32	改变颜色
	35	物理/化学状态变化
	40	复合材料

对照相关组件的属性与参数，运用与方向分离相关的创新原理得到解决方案，结果如表 5-22 所示。

表 5-22　运用方向分离的解决方案列表

创新原理	可用资源	解 决 方 案
4 非对称		
14 曲面化		
17 空间维数变化		
32 改变颜色		
35 物理/化学状态变化		
40 复合材料		

⑤ 系统级别分离。如果同一参数不同需求的发生条件处于不同子系统或超系统，即相互矛盾的需求发生在不同子系统或超系统，那么可以采用系统级别分离的方法求解该物理矛盾。

导向关键词：无。

与系统级别分离相关的创新原理如表 5-23 所示。

表 5-23   与系统级别分离相关的创新原理

分离矛盾需求	编号	创 新 原 理
系统级别分离	1	分割
	5	组合
	12	等势
	33	同质性

对照相关组件的属性与参数，运用与方向分离相关的创新原理得到解决方案，结果如表 5-24 所示。

表 5-24   运用系统级别分离的解决方案列表

创新原理	可用资源	解 决 方 案
1 分割		
5 组合		
12 等势		
33 同质性		

5.3.6   资源分析

1. 基于属性与参数的资源分析

基于属性与参数的资源分析流程如图 5-16 所示。

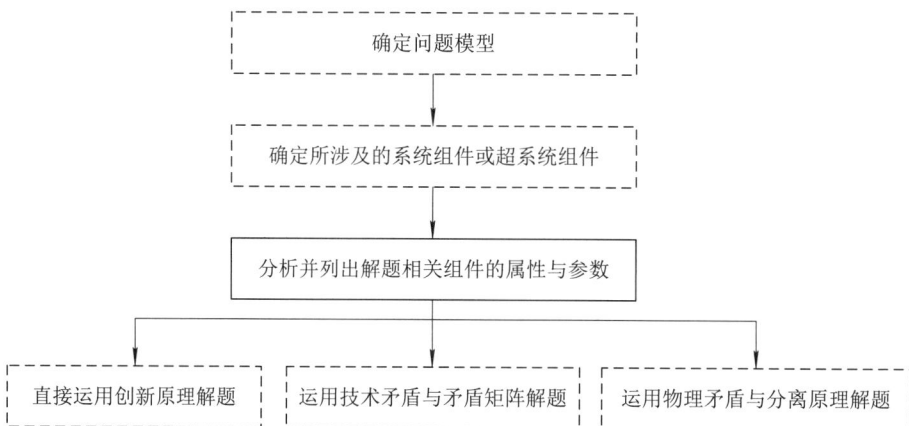

图 5-16   基于属性与参数的资源分析流程

在项目中，根据具体情况列出相关组件的属性与参数，如表 5-25 所示。

表 5-25　属性与参数列表

属性类别	属性	参数	组件 1	组件 2	...	组件 n
位置属性	坐标	坐标值/经纬度				
	前面	相对位置/距离				
	后面	相对位置/距离				
	左边	相对位置/距离				
	右边	相对位置/距离				
	上面	相对位置/距离				
	下面	相对位置/距离				
	...	...				
物理属性	致密性	密度				
	颜色	颜色值，色度				
	熔化性	熔点				
	沸腾性	沸点				
	抗变形性	强度				
	透光性	透光度				
	导热性	导热率				
物理属性	导电性	电导率				
	吸水性	吸水率				
	挥发性	挥发率				
	导磁性	磁导率				
	磁化性	磁化率				
	分子热运动性	温度				
	抗压入性	硬度				
	延展性	延展率				
	...	...				
几何属性	点	坐标				
	线	长度				
	面	面积				
	体	体积				
	夹角	角度				
	平行	平行度				
	垂直	垂直度				
	相交	交点值(坐标)				

属性类别	属性	参数	组件 1	组件 2	⋯	组件 n
几何属性	相切	切点值(坐标)				
	同心/同轴	同心度/同轴度				
	等分	等分度				
	等边	等边度				
	等腰	等腰度				
	对称	对称度				
	平顺	平顺度				
	光滑	光滑度				
	⋯	⋯				
化学属性	金属性	金属度				
	非金属性	非金属度				
	热稳定性	热稳定度				
	脱水性	脱水率				
	酸性	酸度				
	碱性	碱度				
	稳定性	稳定度				
	电离性	电离度				
	水解性	水解度				
	氧化性	氧化度				
	耐腐蚀性	耐腐蚀度				
	耐热性	耐热度				
	活泼性	活泼度				
	催化性	催化度				
	可降解性	可降解度				
	⋯	⋯				
工艺属性	可制造性	可制造度				
	可焊接性	可焊接度				
	可分割性	可分割度				
	可切削性	可切削度				
	可抛光性	可抛光度				

续表二

属性类别	属性	参数	组件 1	组件 2	…	组件 n
工艺属性	可修补性	可修补度				
	可编织性	可编织度				
	可压缩性	可压缩度				
	可扭曲性	可扭曲度				
	可弯折性	可弯折度				
	可拉伸性	可拉伸度				
	可粉碎性	可粉碎度				
	回弹性	回弹率				
	可回收性	可回收率				
	可再生性	可再生率				
	…	…				
材料属性	弹性变形	弹性模量				
	物质单位体积质量比	质量密度				
	抗剪性	抗剪模量				
	横向与纵向变形量比	泊松比量				
	表面张力	张力强度				
	屈服性	屈服强度				
	热扩张性	热扩张系数				
	放射性	放射度				
	热脆性	热脆度				
	冷脆性	冷脆度				
	平整性	平整度				
	变色性	变色度				
	折射性	折射率				
	黏性	黏度				
	易碎性	易碎度				
	感光性	感光度				
	…	…				

属性类别	属性	参数	组件 1	组件 2	...	组件 n
生物属性	呼吸性	呼吸率				
	厌氧性	厌氧度				
	遗传性	遗传率				
	反射性	反射度				
	反馈性	反馈度				
	趋光性	趋光率				
	环境敏感性	环境敏感度				
	自修复性	自修复度				
	光合性	光合度				
	呼吸性	呼吸节拍				
	毒性	生物有害度				
	代谢性	代谢率				
	排泄性	排泄率				
	遗传变异性	遗传变异度				
	蛋白质变性	蛋白质变度				
	...	...				
场属性	振动	频率/振幅				
	声场	音量/杜比				
	热场	温度				
	辐射场/辐射性	辐射强度				
	电场	电场强度				
	磁场	磁场强度				
	电磁场	电磁频率/电场强度/磁感应强度/无线电干扰场强				
	光场	光照/照度				
	光子基本性质(如自旋、宇称、动量和角动量、能量等)	与自旋、宇称、动量、角动量、能量等相对应的测量参数				
	化学场(如气味)	浓度				
	...	...				

2. 基于九屏幕法的资源分析

运用九屏幕法分析资源的流程如图 5-17 所示。其中，根据每个格子的资源寻找解决方案是可选步骤。

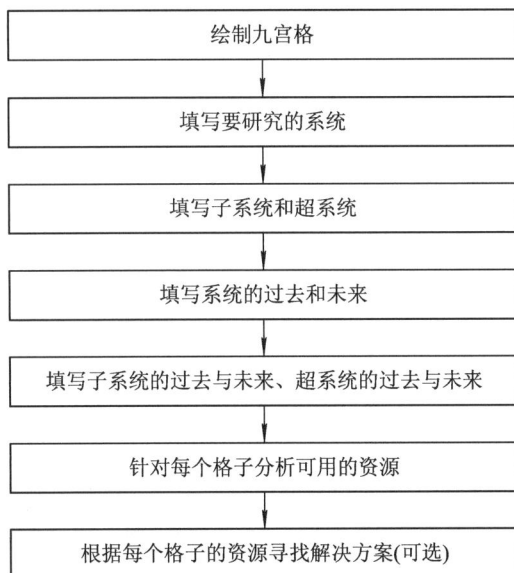

图 5-17 运用九屏幕法分析资源的流程图

按照九屏幕法分析资源的流程分析系统的可用资源，步骤如下：

(1) 绘制九宫格。根据系统层次和时间维度绘制空白九宫格，如图 5-18 所示。

(2) 填写要研究的系统。根据当前项目目标要执行的功能确定系统。将系统填入相应的空白格子中，如图 5-19 所示。

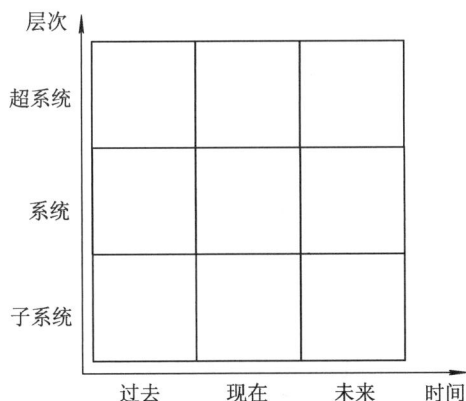

图 5-18 九屏幕法空白九宫格

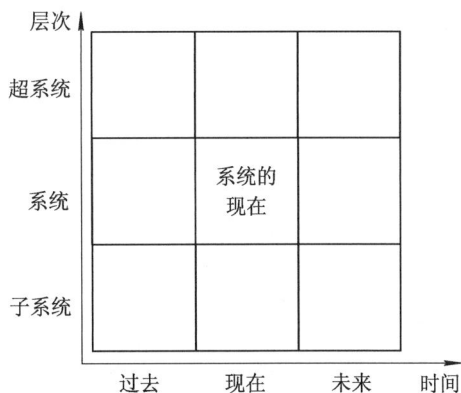

图 5-19 填写系统现在的九宫格

(3) 填写系统的子系统和超系统。根据系统的某个组件确定子系统。由于系统包括多个组件，因此存在多个子系统，根据需要解决的问题选择合适的子系统。确定子系统的方法可以借助组件分析的组件列表。

根据系统的某一个或多个超组件确定超系统。系统的超系统有很多个，根据需要解决的问题选择合适的超系统。确定超系统的方法可以借助组件分析的组件列表。

将子系统和超系统填入相应的空白格子中，如图 5-20 所示。

(4) 填写系统的过去和未来。

根据系统最初或之前的形态确定系统的过去。

根据系统未来的形态确定系统的未来。

将系统的过去和未来分别填入相应的空白格子中，如图 5-21 所示。

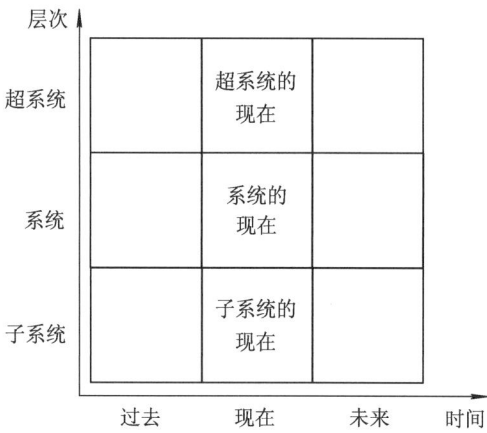

图 5-20   填写超系统和子系统的九宫格

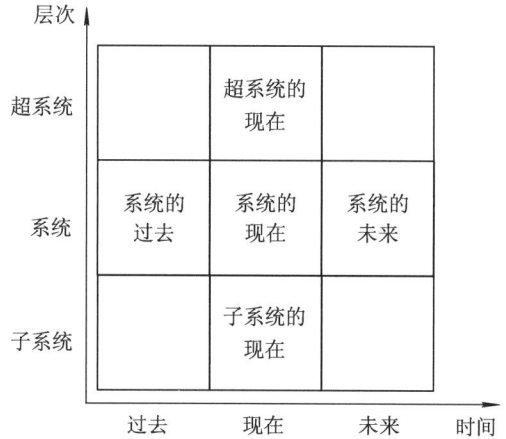

图 5-21   填写系统过去和未来的九宫格

(5) 填写子系统的过去与未来、超系统的过去与未来。

根据子系统和超系统最初或之前的形态确定子系统的过去和超系统的过去。

根据子系统和超系统未来的形态确定子系统的未来和超系统的未来。

将子系统的过去与未来、超系统的过去与未来分别填入相应的空白格子中，得到九屏幕，如图 5-22 所示。

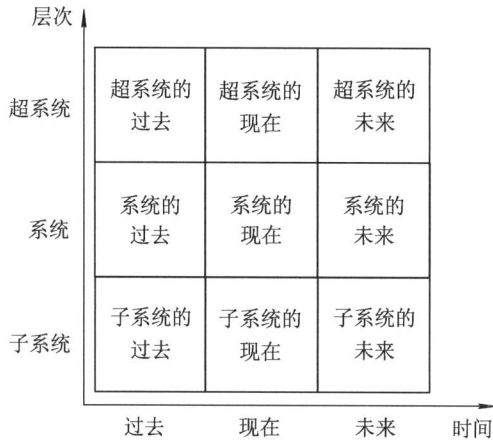

图 5-22   系统的九屏幕

(6) 针对每个格子分析可用的资源。

参照表 5-25 列出每个格子中组件的属性与参数。

(7) 根据每个格子的可用资源寻找解决方案。

通过九屏幕的每个格子中组件的可用资源寻找解决方案，构成如表 5-26 所示的解决方案列表。

表 5-26　运用九屏幕法的可用资源与解决方案列表

九屏幕	可用资源	解 决 方 案
系统的现在		
系统的过去		
系统的未来		
子系统的现在		
子系统的过去		
子系统的未来		
超系统的现在		
超系统的过去		
超系统的未来		

5.3.7　理想最终解

1. 理想最终解的定义

理想度用于度量系统的有用功能与有害功能(包括成本和有害因素)的综合效益。理想度的计算公式为

$$理想度 = \frac{\sum 系统带来的有利因素}{\sum 成本 + \sum 系统带来的有害因素}$$

理想最终解是指发明问题的理想解决方案,此时系统完全消除了问题,没有让系统的参数发生恶化,而且对系统的改变最小。

理想最终解的四个要求:

(1) 保持有用功能且消除有害因素;

(2) 没有引入新的有害因素;

(3) 没有让系统变得更加复杂;

(4) 对现有系统做最小化改变。

2. 运用理想最终解评估解决方案

理想最终解的四个要求可用于评估解决方案的优劣。

评估的原则与评分标准可以根据所要求创新性的强弱进行设置。如果要求创新性强,则可以参照以下评估的原则和评分标准。

评估的原则和评分标准是:

(1) 保持有用功能且消除有害因素,评分为 3;

(2) 没有引入新的有害因素,评分为 2;

(3) 没有让系统变得更加复杂,评分为 1;

(4) 对现有系统做最小化改变,评分为 0。

将 5.3.3 小节、5.3.4 小节、5.3.5 小节得到的解决方案进行汇总，并根据上述原则对各解决方案进行评分和排序，结果如表 5-27 所示。

表 5-27   运用创新原理得到的解决方案汇总表

序号	解决方案	保持有用功能且消除有害因素	没有引入新的有害因素	没有让系统变得更加复杂	对现有系统做最小化改变	评分
1						
2						
3						
4						
5						
6						

5.4   运用 How to 模型解题模板

5.4.1   描述要解决的关键问题

描述通过因果链分析或剪裁等问题分析工具得到的某个关键问题。注意，该关键问题不是初始问题。

5.4.2   功能导向搜索

运用功能导向搜索解题的流程如图 5-23 所示。

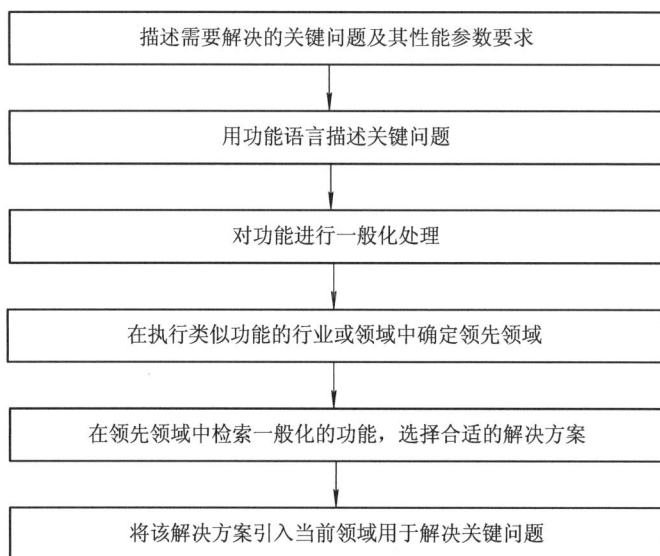

描述需要解决的关键问题及其性能参数要求

用功能语言描述关键问题

对功能进行一般化处理

在执行类似功能的行业或领域中确定领先领域

在领先领域中检索一般化的功能，选择合适的解决方案

将该解决方案引入当前领域用于解决关键问题

图 5-23   运用功能导向搜索解题的流程图

5.4.3　科学效应库

运用科学效应库解题的流程如图 5-24 所示。

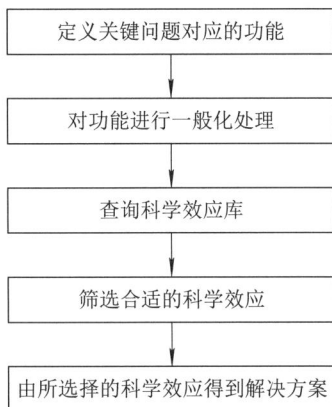

```
┌─────────────────────────┐
│   定义关键问题对应的功能   │
└─────────────────────────┘
            ↓
┌─────────────────────────┐
│    对功能进行一般化处理    │
└─────────────────────────┘
            ↓
┌─────────────────────────┐
│      查询科学效应库       │
└─────────────────────────┘
            ↓
┌─────────────────────────┐
│     筛选合适的科学效应     │
└─────────────────────────┘
            ↓
┌─────────────────────────┐
│  由所选择的科学效应得到解决方案  │
└─────────────────────────┘
```

图 5-24　运用科学效应库解题的流程图

按照运用科学效应库解题的流程求解过滤系统的关键问题，包括步骤：

(1) 定义关键问题对应的功能。

(2) 对功能进行一般化处理。

(3) 查询科学效应库。常用的科学效应库网址：http://wbam2244.dns-systems.net /EDB/index.php。该网站打开后的截图如图 4-7 所示。

查询科学效应库的方法：

① 采用功能查询：动作+对象。

可查询的动作(Action)包括：吸收、积累、弯曲、分解、相变、清洁、压缩、集中、浓缩、约束、冷却、沉积、破坏、检测、稀释、干燥、蒸发、膨胀、提取、冷冻、加热、保持、加入、熔化、混合、移动、定向、生产、保护、净化、去除、抵抗、旋转、分离、振动。

可查询的对象(Object)包括：颗粒、场、气体、液体、固体。

结果类型(Results Type)包括：效应、应用、效应与应用。

功能查询界面截图如图 4-8 所示。

② 采用参数查询：操作+参数。

可查询的操作(Operation)包括：变化、减少、增加、测量、稳定。

可查询的参数(Parameter)包括：亮度、颜色、浓度、密度、阻力、电导率、能量、流体流动、力、频率、摩擦力、硬度、热传导、均匀性、湿度、长度、磁性、取向、极化、孔隙率、位置、功率、压力、纯度、反射率、刚性、形状、声音、速度、强度、表面积、表面光洁度、温度、时间、半透明度、振动、黏度、体积、重量。

结果类型(Results Type)包括：效应、应用、效应与应用。

参数查询界面截图如图 4-11 所示。

③ 采用能量转化查询：从能量 1 转化为能量 2。

可查询的能量场(Energy Type)包括：声场、化学场、电场、电磁场、动力场、磁场、机械场、光场、热场。

结果类型(Results Type)包括：效应、应用、效应与应用。

能量转化的查询界面截图如图 4-13 所示。

(4) 筛选合适的科学效应。将查询得到的科学效应进行筛选，得到如表 5-28 所示的科学效应列表。

表 5-28   筛选出的科学效应列表

科学效应	解　释

(5) 由所选择的科学效应得到解决方案。由所选择的科学效应得到如表 5-29 所示的解决方案列表。

表 5-29   运用科学效应得到的解决方案列表

科学效应	解　决　方　案

5.5 本 章 小 结

本章给出了 TRIZ 的全套训练模板，具体包括运用问题识别工具识别关键问题、运用创新原理解题和运用 How to 模型解题。

附录　矛盾矩阵列表

矛盾矩阵是一张大表格，为方便读者阅读与使用，将矛盾矩阵表分割为 6 块，衔接关系如附表 1 所示。

附表 1　矛盾矩阵表分块衔接关系

附表 2	附表 4	附表 6
附表 3	附表 5	附表 7

附表 2

改善的参数		恶化的参数												
		1	2	3	4	5	6	7	8	9	10	11	12	13
		运动物体的重量	静止物体的重量	运动物体的长度	静止物体的长度	运动物体的面积	静止物体的面积	运动物体的体积	静止物体的体积	速度	力	应力或压力	形状	结构的稳定性
1	运动物体的重量		—	15,8,29,34	—	29,17,38,34	—	29,2,40,28	—	2,8,15,38	8,10,18,37	10,36,37,40	10,14,35,40	1,35,19,39
2	静止物体的重量	—		—	10,1,29,35	—	35,30,13,2	—	5,35,13,2	—	8,10,19,35	13,29,10,18	13,10,29,14	26,39,1,40
3	运动物体的长度	8,15,29,34	—		—	15,17,4	—	7,17,4,35	—	13,4,8	17,10,4	1,8,35	1,8,10,29	1,8,15,34
4	静止物体的长度	—	35,28,40,29	—		—	17,7,10,40	—	35,8,2,14	—	28,10	1,14,35	13,14,15,7	39,37,35
5	运动物体的面积	2,17,29,4	—	14,15,18,4	—		—	7,14,17,4	—	29,30,4,34	19,30,35,2	10,15,36,28	5,34,29,4	11,2,13,39
6	静止物体的面积	—	30,2,14,18	—	26,7,9,39	—		—	—	—	1,18,35,36	10,15,36,37		2,38
7	运动物体的体积	2,26,29,40	—	1,7,4,35	—	1,7,4,17	—		—	29,4,38,34	15,35,36,37	6,35,36,37	1,15,29,4	28,10,1,39
8	静止物体的体积	—	35,10,19,14	19,14	35,8,2,14	—	—	—		—	2,18,37	24,35	7,2,35	34,28,35,40
9	速度	2,28,13,38	—	13,14,8	—	29,30,34	—	7,29,34	—		13,28,15,19	6,18,38,40	35,15,18,34	28,33,1,18
10	力	8,1,37,18	18,13,1,28	17,19,9,36	28,10	19,10,15	1,18,36,37	15,9,12,37	2,36,18,37	13,28,15,12		18,21,11	10,35,40,34	35,10,21
11	应力或压力	10,36,37,40	13,29,10,18	35,10,36	35,1,14,16	10,15,36,28	10,15,36,37	6,35,10	35,24	6,35,36	36,35,21		35,4,15,10	35,33,2,40
12	形状	8,10,29,40	15,10,26,3	29,34,5,4	13,14,10,7	5,34,4,10	—	14,4,15,22	7,2,35	35,15,34,18	35,10,37,40	34,15,10,14		33,1,18,4
13	结构的稳定性	21,35,2,39	26,39,1,40	13,15,1,28	37	2,11,13	39	28,10,19,39	34,28,35,40	33,15,28,18	10,35,21,16	2,35,40	22,1,18,4	
14	强度	1,8,40,15	40,26,27,1	1,15,8,35	15,14,28,26	3,34,40,29	9,40,28	10,15,14,7	9,14,17,15	8,13,26,14	10,18,3,14	10,3,18,40	10,30,35,40	13,17,35
15	运动物体的作用时间	19,5,34,21	—	2,19,9	—	3,17,19	—	10,2,19,30	—	3,35,5	19,2,16	19,3,27	14,26,28,25	13,3,35
16	静止物体的作用时间	—	6,27,19,16	—	1,40,35	—	—	—	35,34,38	—	—	—	—	39,3,35,23
17	温度	36,22,6,38	22,35,32	15,19,9	15,19,9	3,35,39,18	35,38	34,39,40,18	35,6,4	2,28,36,30	35,10,3,21	35,39,19,2	14,22,19,32	1,35,32
18	光照度	19,1,32	2,35,32	19,32,16	—	19,32,26	—	2,13,10	—	10,13,19	26,19,6	—	32,30	32,3,27
19	运动物体消耗的能量	12,18,28,31	—	12,28	—	15,19,25	—	35,13,18	—	8,15,35	16,26,21,2	23,14,25	12,2,29	19,13,17,24

附表3

改善的参数		恶化的参数												
		1	2	3	4	5	6	7	8	9	10	11	12	13
		运动物体的重量	静止物体的重量	运动物体的长度	静止物体的长度	运动物体的面积	静止物体的面积	运动物体的体积	静止物体的体积	速度	力	应力或压力	形状	结构的稳定性
20	静止物体消耗的能量	—	19,9,6,27	—		—		—		—	36,37			27,4,29,18
21	功率	8,36,38,31	19,26,17,27	1,10,35,37		19,38	17,32,13,38	35,6,38	30,6,25	15,35,2	26,2,36,35	22,10,35	29,14,2,40	35,32,15,31
22	能量损失	15,6,19,28	19,6,18,9	7,2,6,13	6,38,7	15,26,17,30	17,7,30,18	7,18,23	7	16,35,38	36,38			14,2,39,6
23	物质损失	35,6,23,40	35,6,22,32	14,29,10,39	10,28,4	35,2,10,31	10,18,39,31	1,29,30,36	3,39,18,31	10,13,28,38	14,15,18,40	3,36,37,10	29,35,3,5	2,14,30,40
24	信息损失	10,24,35	10,35,5	1,26	26	30,26	30,16		2,22	26,32				
25	时间损失	10,20,37,35	10,20,26,5	15,2,29	30,24,14.5	26,4,5,16	10,35,17,4	2,5,34,10	35,16,32,18		10,37,36,5	37,36,4	4,10,34,17	35,3,22,5
26	物质或事物的数量	35,6,18,31	27,26,18,35	29,14,35,18		15,14,29	2,18,40,4	15,20,29		35,29,34,28	35,14,3	10,36,14,3	35,14	15,2,17,40
27	可靠性	3,8,10,40	3,10,8,28	15,9,14,4	15,29,28,11	17,10,14,16	32,35,40,4	3,10,14,24	2,35,24	21,35,11,28	8,28,10,3	10,24,35,19	35,1,16,11	
28	测量精度	32,35,26,28	28,35,25,26	28,26,5,16	32,38,3,16	26,28,32,3	26,28,32,3	32,13,6		28,13,32,24	32,2	6,28,32	6,28,32	32,35,13
29	制造精度	28,32,13,18	28,35,27,9	10,28,29,37	2,32,10	28,33,29,32	2,29,18,36	32,23,2	25,10,35	10,28,32	28,19,34,36	3,35	32,30,40	30,18
30	作用于物体的有害因素	22,21,27,39	2,22,13,24	17,1,39,4	1,18	22,1,33,28	27,2,39,35	22,23,37,35	34,39,19,27	21,22,35,28	13,35	22,2,37	22,1,3,35	35,24,30,18
31	物体产生的有害因素	19,22,15,39	35,22,1,39	17,15,16,22		17,2,18,39	22,1,40	17,2,40	30,18,35,4	35,28,3,23	35,28,1,40	2,33,27,18	35,1	35,40,27,39
32	可制造性	28,29,15,16	1,27,36,13	1,29,13,17	15,17,27	13,1,26,12	16,40	13,29,1,40	35	35,13,8,1	35,12	35,19,1,37	1,28,13,27	11,13,1
33	可操作性	25,2,13,15	6,13,1,25	1,17,13,12		1,17,13,16	18,16,15,39	1,16,35,15	4,18,39,31	18,13,34	28,13,35	2,32,12	15,34,29,28	32,35,30
34	可维修性	2,27,35,11	2,27,35,11	1,28,10,25	3,18,31	15,13,32	16,25	25,2,35,11	1	34,9	1,11,10	13	1,13,2,4	2,35
35	适应性及多用性	1,6,15,8	19,15,29,16	35,1,29,2	1,35,16	35,30,29,7		15,16		35,10,14	15,17,20	35,16	15,37,1,8	35,30,14
36	设备的复杂性	26,30,34,36	2,26,35,39	1,19,26,24	26	14,1,13,16	6,36	34,26,6	1,16	34,10,28	26,16	19,1,35	29,13,28,15	2,22,17,19
37	检测的复杂性	27,26,28,13	6,13,28,1	16,17,26,24	26	2,13,18,17	2,39,30,16	29,1,4,16	2,18,26,31	3,4,16,35	30,28,40,19	35,36,37,32	27,13,1,39	11,22,39,30
38	自动化程度	28,26,18,35	28,26,35,10	14,13,17,28	23	17,14,13		35,13,16		28,10	2,35	13,35	15,32,1,13	18,1
39	生产率	35,26,24,37	28,27,15,3	18,4,28,38	30,7,14,26	10,26,34,31	10,35,17,7	2,6,34,10	35,27,10,2		28,15,10,36	10,37,14	14,10,34,40	35,3,22,39

附表 4

改善的参数		恶化的参数												
		14	15	16	17	18	19	20	21	22	23	24	25	26
		强度	运动物体的作用时间	静止物体的作用时间	温度	光照度	运动物体消耗的能量	静止物体消耗的能量	功率	能量损失	物质损失	信息损失	时间损失	物质或事物的数量
1	运动物体的重量	28,27,18,40	5,34,31,35	—	6,29,4,38	19,1,32	35,12,34,31	—	12,36,18,31	6,2,34,19	5,35,3,31	10,24,35	10,35,20,28	3,26,18,31
2	静止物体的重量	28,2,10,27	—	2,27,19,6	28,19,32,22	19,32,35	—	18,19,28,1	15,19,18,22	18,19,28,15	5,8,13,30	10,15,35	10,20,35,26	19,6,18,26
3	运动物体的长度	8,35,29,34	19	—	10,15,19	32	8,35,24	—	1,35	7,2,35,39	4,29,23,10	1,24	15,2,29	29,35
4	静止物体的长度	15,14,28,26	—	1,10,35	3,35,38,18	3,25			12,8	6,28	10,28,24,35	24,26	30,29,14	
5	运动物体的面积	3,15,40,14	6,3	—	2,15,16	15,32,19,13	19,32		19,10,32,18	15,17,30,26	10,35,2,39	30,26	26,4	29,30,6,13
6	静止物体的面积	40		2,10,19,30	35,39,38				17,32	17,7,30	10,14,18,39	30,16	10,35,4,18	2,18,40,4
7	运动物体的体积	9,14,15,7	6,35,4	—	34,39,10,18	2,13,10	35		35,6,13,18	7,15,13,16	36,39,34,10	2,22	2,6,34,10	29,30,7
8	静止物体的体积	9,14,15,7	—	35,34,38	35,6,4		—		30,6		10,39,35,34		35,16,32,18	35,3
9	速度	8,3,26,14	3,19,35,5		28,30,36,2	10,13,19	8,15,35,38	—	19,35,38,2	14,20,19,35	10,13,28,38	13,26		10,19,29,38
10	力	35,10,14,27	19,2		35,10,21	—	19,17,10	1,16,36,37	19,35,18,37	14,15	8,35,40,5		10,37,36	14,29,18,36
11	应力或压力	9,18,3,40	19,3,27		35,39,19,2	—	14,24,10,37		10,35,14	2,36,25	10,36,3,37		37,36,4	10,14,36
12	形状	30,14,10,40	14,26,9,25		22,14,19,32	13,15,32	2,6,34,14		4,6,2	14	35,29,3,5		14,10,34,17	36,22
13	结构的稳定性	17,9,15	13,27,10,35	39,3,35,23	35,1,32	32,3,27,16	13,19	27,4,29,18	32,35,27,31	14,2,39,6	2,14,30,40		35,27	15,32,35
14	强度		27,3,26		30,10,40	35,19	19,35,10	35	10,26,35,28	35	35,28,31,40		29,3,28,10	29,10,27
15	运动物体的作用时间	27,3,10			19,35,39	2,19,4,35	28,6,35,18		19,10,35,38		28,27,3,18	10	20,10,28,18	3,35,10,40
16	静止物体的作用时间		—		19,18,36,40		—		16		27,16,18,38	10	28,20,10,16	3,35,31
17	温度	10,30,22,40	19,13,39	19,18,36,40		32,30,21,16	19,15,3,17		2,14,17,25	21,17,35,38	21,36,29,31		35,28,21,18	3,17,30,39
18	光照度	35,19	2,19,6	—	32,35,19		32,1,19	32,35,1,15	32	13,16,1,6	13,1	1,6	19,1,26,17	1,19
19	运动物体消耗的能量	5,19,9,35	28,35,6,18	—	19,24,3,14	2,15,19		—	6,19,37,18	12,22,15,24	35,24,18,5		35,38,19,18	34,23,16,18

附表 5

改善的参数		恶化的参数												
		14	15	16	17	18	19	20	21	22	23	24	25	26
		强度	运动物体的作用时间	静止物体的作用时间	温度	光照度	运动物体消耗的能量	静止物体消耗的能量	功率	能量损失	物质损失	信息损失	时间损失	物质或事物的数量
20	静止物体消耗的能量	35				19,2,35,3	—		28,27,18,31					3,35,31
21	功率	26,10,28	19,35,10,38	16	2,14,17,25	16,6,19	16,6,19,37			10,35,38	28,27,18,38	10,19	35,20,10,6	4,34,19
22	能量损失	26			19,38,7	1,13,32,15			3,38		35,27,2,37	19,10	10,18,32,7	7,18,25
23	物质损失	35,28,31,40	28,27,3,18	27,16,18,38	21,36,39,31	1,6,13	35,18,24,5	28,27,12,31	28,27,18,38	35,27,2,31			15,18,35,10	6,3,10,24
24	信息损失		10	10		19			10,19	19,10			24,26,28,32	24,28,35
25	时间损失	29,3,28,18	20,10,28,18	28,20,10,16	35,29,21,18	1,19,26,17	35,38,19,18	1	35,20,10,6	10,5,18,32	35,18,10,39	24,26,28,32		35,38,18,16
26	物质或事物的数量	14,35,34,10	3,35,10,40	3,35,31	3,17,39		34,29,16,18	3,35,31	35	7,18,25	6,3,10,24	24,28,35	35,38,18,16	
27	可靠性	11,28	2,35,3,25	34,27,6,40	3,35,10	11,32,13	21,11,27,19	36,23	21,11,26,31	10,11,35	10,35,29,39	10,28	10,30,4	21,28,40,3
28	测量精度	28,6,32	28,6,32	10,26,24	6,19,28,24	6,1,32	3,6,32		3,6,32	26,32,27	10,16,31,28		24,34,28,32	2,6,32
29	制造精度	3,27	3,27,40		19,26	3,32	32,2		32,2	13,32,2	35,31,10,24		32,26,28,18	32,30
30	作用于物体的有害因素	18,35,37,1	22,15,33,28	17,1,40,33	22,33,35,2	1,19,32,13	1,24,6,27	10,2,22,37	19,22,31,2	21,22,35,2	33,22,19,40	22,10,2	35,18,34	35,33,29,31
31	物体产生的有害因素	15,35,22,2	15,22,33,31	21,39,16,22	22,35,2,24	19,24,39,32	2,35,6	19,22,18	2,35,18	21,35,2,22	10,1,34	10,21,29	1,22	3,24,39,1
32	可制造性	1,3,10,32	27,1,4	35,16	27,26,18	28,24,27,1	28,26,27,1	1,4	27,1,12,24	19,35	15,34,33	32,24,18,16	35,28,34,4	35,23,1,24
33	可操作性	32,40,3,28	29,3,8,25	1,16,25	26,27,13	13,17,1,24	1,13,24		35,34,2,10	2,19,13	28,32,2,24	4,10,27,22	4,28,10,34	12,35
34	可维修性	11,1,2,9	11,29,28,27	1	4,10	15,1,13	15,1,28,16		15,10,32,2	15,1,32,19	2,35,34,27		32,1,10,25	2,28,10,25
35	适应性及多用性	35,3,32,6	13,1,35		2,16	27,2,3,35	6,22,26,1	19,35,29,13	19,1,29	18,15,1	15,10,2,13		35,28	3,35,15
36	设备的复杂性	2,13,28	10,4,28,15		2,17,13	24,17,13	27,2,29,28		20,19,30,34	10,35,13,2	35,10,28,29		6,29	13,3,27,10
37	检测的复杂性	27,3,15,28	19,29,39,25	25,34,6,35	3,27,35,16	2,24,26	35,38	19,35,16	18,1,16,10	35,3,15,19	1,18,10,24	35,33,27,22	18,28,32,9	3,27,29,18
38	自动化程度	25,13	6,9		26,2,19	8,32,19	2,32,13		28,2,27	23,28	35,10,18,5	35,33	24,28,35,30	35,13
39	生产率	29,28,10,18	35,10,2,18	20,10,16,38	35,21,28,10	26,17,19,1	35,10,38,19	1	35,20,10	28,10,29,35	28,10,35,23	13,15,23		35,38

附表6

恶 化 的 参 数

改善的参数		27 可靠性	28 测量精度	29 制造精度	30 作用于物体的有害因素	31 物体产生的有害因素	32 可制造性	33 可操作性	34 可维修性	35 适应性及多用性	36 设备的复杂性	37 检测的复杂性	38 自动化程度	39 生产率
1	运动物体的重量	1,3,11,27	28,27,35,26	28,35,26,18	22,21,18,27	22,35,31,39	27,28,1,36	35,3,2,24	2,27,28,11	29,5,15,8	26,30,36,34	28,29,26,32	26,35,18,19	35,3,24,37
2	静止物体的重量	10,28,8,3	18,26,28	10,1,25,17	2,19,22,37	35,22,1,39	28,1,9	6,13,1,32	2,27,28,11	19,15,29	1,10,26,39	25,28,17,15	2,26,35	1,28,15,35
3	运动物体的长度	10,14,29,40	28,32,4	10,28,29,37	1,15,17,24	17,15	1,29,17	15,29,35,4	1,28,10	14,15,1,16	1,19,26,24	35,1,26,24	17,24,26,16	14,4,28,29
4	静止物体的长度	15,29,28	32,28,3	2,32,10	1,18		15,17,27	2,25	3	1,35	1,26	26		30,14,7,26
5	运动物体的面积	29,9	26,28,32,3	2,32	22,33,28,1	17,2,18,39	13,1,26,24	15,17,13,16	15,13,10,1	15,30	14,1,13	2,36,26,18	14,30,28,23	10,26,34,2
6	静止物体的面积	32,35,40,4	26,28,32,3	2,29,18,36	27,2,39,35	22,1,40	40,16	16,4	16	15,16	1,18,36	2,35,30,18	23	10,15,17,7
7	运动物体的体积	14,1,40,11	25,26,28	25,28,2,16	22,21,27,35	17,2,40,1	29,1,40	15,13,30,12	10	15,29	26,1	29,26,4	35,34,16,24	10,6,2,34
8	静止物体的体积	2,35,16		35,10,25	34,39,19,27	30,18,35,4	35		1		1,31	2,17,26		35,27,10,2
9	速度	11,35,27,28	28,32,1,24	10,28,32,25	1,28,35,23	2,24,35,21	35,13,8,1	32,28,13,12	34,2,28,27	15,10,26	10,28,4,34	3,34,27,16	10,18	
10	力	3,35,13,21	35,10,23,24	28,29,37,36	1,35,40,18	13,3,36,24	15,37,18,1	1,28,3,25	15,1,11	15,17,18,20	26,35,10,18	36,37,10,19	2,35	3,28,35,37
11	应力或压力	10,13,19,35	6,28,25	3,35	22,2,37	2,33,27,18	1,35,16	11	2	35	19,1,35	2,36,37	35,24	10,14,35,37
12	形状	10,40,16	28,32,1	32,30,40	21,1,2,35	35,1	1,32,17,28	32,15,26	2,13,1	1,15,29	16,29,1,28	15,13,39	15,1,32	17,26,34,10
13	结构的稳定性		13	18	35,24,30,18	35,40,27,39	35,19	32,35,30	2,35,10,16	35,30,34,2	2,35,22,26	35,22,39,23	1,8,35	23,35,40,3
14	强度	11,3	3,27,16	3,27	18,35,37,1	15,35,22,2	11,3,10,32	32,40,25,2	27,11,3	15,3,32	2,13,25,28	27,3,15,40	15	29,35,10,14
15	运动物体的作用时间	11,2,13	3	3,27,16,40	22,15,33,28	21,39,16,22	27,1,4	12,27	29,10,27	1,35,13	10,4,29,15	19,29,39,35	6,10	35,17,14,19
16	静止物体的作用时间	34,27,6,40	10,26,24		17,1,40,33	22	35,10	1	1	2		25,34,6,35	1	20,10,16,38
17	温度	19,35,3,10	32,19,24	24	22,33,35,2	22,35,2,24	26,27	26,27	4,10,16	2,18,27	2,17,16	3,27,35,31	26,2,19,16	15,28,35
18	光照度		11,15,32	3,32	15,19	35,19,32,39	19,35,28,26	28,26,19	15,17,13,16	15,1,19	6,32,13	32,15	2,26,10	2,25,16
19	运动物体消耗的能量	19,21,11,27	3,1,32		1,35,6,27	2,35,6	28,26,30	19,35	1,15,17,28	15,17,13,16	2,29,27,28	35,28	32,2	12,28,35